2022
中国环境统计年鉴
CHINA STATISTICAL YEARBOOK ON ENVIRONMENT

Compiled by
National Bureau of Statistics
Ministry of Ecology and Environment

国家统计局
生态环境部
编

中国环境统计年鉴 . 2022 = CHINA STATISTICAL YEARBOOK ON ENVIRONMENT 2022 : 汉英对照 / 国家统计局 , 生态环境部编 . -- 北京 : 中国统计出版社 , 2023.4
ISBN 978-7-5230-0075-5

I. ①中 … II. ①国 … ②生 … III. ①环境统计－统计资料－中国－ 2022 －年鉴－汉、英 IV. ① X508.2-54

中国版本图书馆 CIP 数据核字 (2022) 第 225919 号

中国环境统计年鉴 2022

作　　者 / 国家统计局　生态环境部
责任编辑 / 许立舫
执行编辑 / 刘　琛
封面设计 / 黄　晨
出版发行 / 中国统计出版社有限公司
通信地址 / 北京市丰台区西三环南路甲 6 号　邮政编码 /100073
发行电话 / 邮购（010）63376909　书店（010）68783171
网　　址 / http://www.zgtjcbs.com/
印　　刷 / 河北鑫兆源印刷有限公司
经　　销 / 新华书店
开　　本 / 880×1230 毫米　1/16
字　　数 / 508 千字
印　　张 / 16
版　　别 / 2023 年 4 月第 1 版
版　　次 / 2023 年 4 月第 1 次印刷
定　　价 / 260.00 元

《中国环境统计年鉴 2022》

编委会和编辑人员

CHINA STATISTICAL YEARBOOK ON ENVIRONMENT 2022

EDITORIAL BOARD AND STAFF

编 者 说 明

一、《中国环境统计年鉴 2022》是国家统计局和生态环境部及其他有关部委共同编辑完成的一本反映我国环境各领域基本情况的年度综合统计资料。本书收录了 2021 年全国各省、自治区、直辖市环境各领域的基本数据和主要年份的全国主要环境统计数据。

二、本书内容共分为十个部分，即：1. 自然状况；2. 水环境；3. 海洋环境；4. 大气环境；5. 固体废物；6. 自然生态；7. 自然灾害及突发事件；8. 环境投资；9. 城市环境；10. 农村环境。同时附录四个部分：资源环境主要统计指标、东中西部地区主要环境指标、世界主要国家和地区环境统计指标、主要统计指标解释。

三、本书中所涉及的全国性统计指标，除国土面积和森林资源数据外，均未包括香港特别行政区、澳门特别行政区和台湾省数据；取自国家林业和草原局的数据中，大兴安岭由国家林业和草原局直属管理，与各省、自治区、直辖市并列，数据与其他省没有重复。

四、有关符号说明：

"空格"表示该项统计指标数据不详或无该项数据；

"#"表示是其中的主要项。

五、参与本书编辑的单位还有自然资源部、住房和城乡建设部、交通运输部、水利部、农业农村部、应急管理部、中国气象局、国家林业和草原局。对上述单位有关人员在本书编辑过程中给予的大力支持与合作，表示衷心的感谢。

EDITOR'S NOTES

I. *China Statistical Yearbook on Environment 2022* is prepared jointly by the National Bureau of Statistics, Ministry of Ecology and Environment and other ministries. It is an annual statistics publication, with comprehensive data in 2021 and selected data series in major years at national level and at provincial level (province, autonomous region, and municipality directly under the central government) and therefore reflecting various aspects of China's environmental development.

II. *China Statistical Yearbook on Environment 2022* contains 10 chapters: l. Natural Conditions; 2. Freshwater Environment; 3. Marine Environment; 4. Atmospheric Environment; 5. Solid Wastes; 6. Natural Ecology; 7. Natural Disasters & Environmental Accidents; 8. Environmental Investment; 9. Urban Environment; 10. Rural Environment. Four appendixes listed as Main Indicators of Resource and Environment; Main Environmental Indicators by Eastern, Central and Western; Main Environmental Indicators of the World's Major Countries and Regions; Explanatory Notes on Main Statistical Indicators.

III. The national data in this book do not include that of Hong Kong Special Administrative Region, Macao Special Administrative Region and Taiwan Province except for territory and forest resources. The information gathered from National Forestry and Grassland Administration, Daxinganling is affiliated to the National Forestry and Grassland Administration, tied with the provinces, autonomous regions, municipalities under the central government, without duplication of data.

IV. Notations used in this book:

"(blank) " indicates that the data are not available;

" # " indicates the major items of the total.

V. The institutions participating in the compilation of this publication include: Ministry of Natural Resources, Ministry of Housing and Urban-Rural Development, Ministry of Transport, Ministry of Water Resource, Ministry of Agriculture and Rural Affairs, Ministry of Emergency Management, China Meteorological Administration, National Forestry and Grassland Administration. We would like to express our gratitude to these institutions for their cooperation and support in preparing this publication.

目　录
CONTENTS

一、自然状况
Natural Conditions

二、水环境
Freshwater Environment

三、海洋环境
Marine Environment

四、大气环境
Atmospheric Environment

五、固体废物
Solid Wastes

六、自然生态
Natural Ecology

七、自然灾害及突发事件
Natural Disasters & Environmental Accidents

八、环境投资
Environmental Investment

九、城市环境
Urban Environment

十、农村环境
Rural Environment

附录一、资源环境主要统计指标
APPENDIX I. Main Indicators of Resources & Environment Statistics

附录二、东中西部地区主要环境指标
APPENDIX II. Main Environmental Indicators by Eastern, Central & Western

附录三、世界主要国家和地区环境统计指标
APPENDIX III. Main Environmental Indicators of the World's Major Countries and Regions

一、自然状况

Natural Conditions

1-1 自然状况
Natural Conditions

项　　目		Item		2021
国土		**Territory**		
国土面积	(万平方公里)	Area of Territory	(10 000 sq.km)	960
海域面积	(万平方公里)	Area of Sea	(10 000 sq.km)	473
海洋平均深度	(米)	Average Depth of Sea	(m)	961
海洋最大深度	(米)	Maximum Depth of Sea	(m)	5377
岸线总长度	(公里)	Length of Coastline	(km)	32000
大陆岸线长度		Mainland Shore		18000
岛屿岸线长度		Island Shore		14000
岛屿个数	(个)	Number of Islands		5400
岛屿面积	(万平方公里)	Area of Islands	(10 000 sq.km)	3.87
气候		**Climate**		
热量分布	(积温≥0℃)	Distribution of Heat (Accumulated Temperature ≥ 0℃)		
黑龙江北部及青藏高原		Northern Heilongjiang and Tibet Plateau		2000-2500
东北平原		Northeast Plain		3000-4000
华北平原		North China Plain		4000-5000
长江流域及以南地区		Changjiang (Yangtze) River Drainage Area and the Area to the south of it		5800-6000
南岭以南地区		Area to the South of Nanling Mountain		7000-8000
降水量	(毫米)	Precipitation	(mm)	
台湾中部山区		Mid-Taiwan Mountain Area		≥4000
华南沿海		Southern China Coastal Area		1600-2000
长江流域		Changjiang River Valley		1000-1500
华北、东北		Northern and Northeastern Area		400-800
西北内陆		Northwestern Inland		100-200
塔里木盆地、吐鲁番盆地和柴达木盆地		Tarim Basin, Turpan Basin and Qaidam Basin		≤25
气候带面积比例	(国土面积=100)	Percentage of Climatic Zones to Total Area of Territory	(Territory Area=100)	
湿润地区	(干燥度<1.0)	Humid Zone	(aridity<1.0)	32
半湿润地区	(干燥度=1.0-1.5)	Semi-Humid Zone	(aridity 1.0-1.5)	15
半干旱地区	(干燥度=1.5-2.0)	Semi-Arid Zone	(aridity 1.5-2.0)	22
干旱地区	(干燥度>2.0)	Arid Zone	(aridity>2.0)	31

注：1.气候资料为多年平均值。
　　2.岛屿面积未包括香港、澳门特别行政区和台湾省。

Notes: a) The climate data refer to the average figures in many years.
　　b) Island area does not include that of Hong Kong Special Administrative Region, Macao Special Administrative Region and Taiwan.

1-2 土地状况(2019年)
Land Use(2019)

项 目	Item	面 积 (万平方公里) Area (10 000 sq.km)
耕地	Cultivated Land	127.86
园地	Garden Land	20.17
林地	Forest Land	284.13
草地	Grassland	264.53
湿地	Wetland	23.47
城镇村及工矿用地	Land for Urban, Rural, Industrial and Mining Activities	35.31
交通运输用地	Land Used for Transport	9.55
水域及水利设施用地	Land Used for Water and Water Conservancy Facilities	36.29

注：2019年土地利用数据来源于第三次全国国土调查。
Notes: Data of land use in 2019 were obtained from the third national land survey.

1-3 主要山脉基本情况
Main Mountain Ranges

名 称	Mountain Range	山峰高程(米) Height of Mountain Peak (m)	雪线高程(米) Height of Snow Line (m)	冰川面积 (平方公里) Glacier Area (sq.km)
阿尔泰山	Altay Mountains	4374	3000--3200	287
天山	Tianshan Mountains	7435	3600--4400	9548
祁连山	Qilian Mountains	5826	4300--5240	2063
帕米尔	Pamirs	7579		2258
昆仑山	Kunlun Mountains			11639
喀喇昆仑山	Karakorum Mountain	8611	5100--5400	3265
唐古拉山	Tanggula Mountains	6137		2082
羌塘高原	Qiangtang Plateau	6596		3566
念青塘古拉山	Nyainqentanglha Mountains	7111	4500--5700	7536
横断山	Hengduan Mountains	7556	4600--5500	1456
喜玛拉雅山	The Himalayas	8844	4300--6200	11055
冈底斯山	Gangdisi Mountains	7095	5800--6000	2188

1-4 主要河流基本情况
Major Rivers

名 称	River	流域面积 (平方公里) Drainage Area (sq.km)	河 长 (公里) Length (km)	年径流量 (亿立方米) Annual Flow (100 million cu.m)
长 江	Changjiang River (Yangtze River)	1782715	6300	9857
黄 河	Huanghe River (Yellow River)	752773	5464	592
松 花 江	Songhuajiang River	561222	2308	818
辽 河	Liaohe River	221097	1390	137
珠 江	Zhujiang River (Pearl River)	442527	2214	3381
海 河	Haihe River	265511	1090	163
淮 河	Huaihe River	268957	1000	595

1-5 主要城市气候情况(2021年)
Climate of Major Cities (2021)

城 市	City	年平均气温(摄氏度) Annual Average Temperature (℃)	年极端最高气温(摄氏度) Annual Maximum Temperature (℃)	年极端最低气温(摄氏度) Annual Minimum Temperature (℃)	年平均相对湿度(%) Annual Average Humidity (%)	全年日照时数(小时) Annual Sunshine Hours (hour)	全年降水量(毫米) Annual Precipitation (millimeter)
北　京	Beijing	13.6	37.2	-19.6	56	2285.0	686.5
天　津	Tianjin	13.6	36.9	-19.9	61	2475.1	913.9
石家庄	Shijiazhuang	15.3	39.1	-15.0	58	2889.7	1063.0
太　原	Taiyuan	11.7	37.2	-19.4	58	2214.1	593.3
呼和浩特	Hohhot	7.7	34.9	-30.0	49	2734.3	390.7
沈　阳	Shenyang	9.2	34.8	-26.0	65	2131.1	791.6
大　连	Dalian	12.3	32.7	-16.7	65	2242.0	799.5
长　春	Changchun	7.2	32.7	-26.7	66	2187.4	858.6
哈尔滨	Harbin	5.5	33.3	-32.5	70	2330.6	613.8
上　海	Shanghai	18.1	37.8	-7.8	77	2051.1	1386.3
南　京	Nanjing	17.6	37.0	-8.1	72	1946.0	1259.8
杭　州	Hangzhou	18.8	38.2	-6.4	71	1842.9	1936.8
合　肥	Hefei	16.7	36.2	-11.0	77	2022.3	1167.8
福　州	Fuzhou	21.8	40.5	1.4	74	1756.4	1486.6
南　昌	Nanchang	19.7	37.6	-4.2	72	1626.2	1894.3
济　南	Jinan	15.5	37.6	-18.3	56	2406.9	1043.4
青　岛	Qingdao	14.3	34.3	-15.9	71	2210.7	847.0
郑　州	Zhengzhou	16.9	39.8	-11.1	61	1797.1	1570.5
武　汉	Wuhan	17.9	38.3	-8.5	78	1572.9	1205.8
长　沙	Changsha	18.2	38.0	-5.2	77	1578.1	1255.5
广　州	Guangzhou	22.9	38.1	1.1	76	1955.0	1523.1
南　宁	Nanning	22.6	37.1	3.3	76	1654.7	958.9
桂　林	Guilin	20.9	39.1	-0.7	71	1476.8	2136.7
海　口	Haikou	25.1	38.9	6.1	81	1942.6	1909.2
重　庆	Chongqing	19.5	41.0	1.0	76	1054.5	1216.2
成　都	Chengdu	16.7	37.7	-5.8	81	1383.8	910.3
贵　阳	Guiyang	15.4	34.4	-4.9	80	1482.2	1404.7
昆　明	Kunming	16.9	31.5	-2.0	66	3235.7	1020.7
拉　萨	Lhasa	10.3	28.7	-9.2	36	3067.9	438.6
西　安	Xi'an	15.5	38.9	-10.2	62	1908.9	1006.6
兰　州	Lanzhou	8.3	37.8	-25.1	51	2482.5	163.2
西　宁	Xining	6.6	33.7	-19.6	53	2426.7	454.3
银　川	Yinchuan	11.3	38.9	-23.1	48	2717.5	146.4
乌鲁木齐	Urumqi	8.4	38.7	-24.5	52	2634.0	258.6

资料来源：中国气象局。

注：2004年起，成都站被温江站替代、兰州站被皋兰站替代；2006年起，重庆站被沙坪坝站替代、西安站被泾河站替代。

Source: China Meteorological Administration.

Note:Since 2004, Chengdu station was substituted by Wenjiang station, Lanzhou by Gaolan; Since 2006, Chongqing station was substituted by Shapingba station, Xi'an by Jinghe.

二、水环境

Freshwater Environment

2-1 全国水环境情况(2000-2021年)
Freshwater Environment(2000-2021)

年份 Year	水资源总量 (亿立方米) Total Amount of Water Resources (100 million cu.m)	地表水资源量 Surface Water Resources	地下水资源量 Ground Water Resources	地表水与地下水资源重复量 Duplicated Amount of Surface Water and Groundwater	降水量 (亿立方米) Precipitation (100 million cu.m)	人均水资源量 (立方米/人) Per Capita Water Resources (cu.m/person)
2000	27701	26562	8502	7363	60092	2193.9
2001	26868	25933	8390	7456	58122	2112.5
2002	28261	27243	8697	7679	62610	2207.2
2003	27460	26251	8299	7090	60416	2131.3
2004	24130	23126	7436	6433	56876	1856.3
2005	28053	26982	8091	7020	61010	2151.8
2006	25330	24358	7643	6671	57840	1932.1
2007	25255	24242	7617	6604	57763	1916.3
2008	27434	26377	8122	7065	62000	2071.1
2009	24180	23125	7267	6212	55959	1816.3
2010	30906	29798	8417	7308	65850	2310.4
2011	23257	22214	7214	6171	55133	1729.1
2012	29529	28373	8296	7141	65150	2180.5
2013	27958	26839	8081	6963	62674	2050.8
2014	27267	26264	7745	6742		1987.6
2015	27963	26901	7797	6735	62569	2026.5
2016	32466	31274	8855	7662	68672	2339.4
2017	28761	27746	8310	7295		2059.9
2018	27463	26323	8247	7107	64618	1957.7
2019	29041	27993	8192	7144	61660	2062.9
2020	31605	30407	8554	7355	66899	2239.8
2021	29638	28311	8196	6868	65426	2098.5

注：1.2011年原环境保护部对统计制度中的指标体系、调查方法及相关技术规定等进行了修订，统计范围扩展为工业源、农业源、城镇生活源、机动车、集中式污染治理设施5个部分。

2.以第二次全国污染源普查成果为基准，生态环境部依法组织对2016-2019年污染源统计初步数据进行了更新，2016年之后数据与以前年份不可比。统计调查对象为全国排放污染物的工业源、农业源、生活源、集中式污染治理设施、机动车。其中，农业源包括大型畜禽养殖场，生活源包括第三产业以及城镇居民生活源。

3.2020年生态环境部对排放源统计调查的部分调查范围、指标及方式方法进行了修订。废水污染物农业源由大型畜禽养殖场扩展至种植业、畜禽养殖业(含规模养殖场及规模以下养殖户)和水产养殖业；生活源由第三产业以及城镇居民生活源扩展至第三产业以及城镇、农村居民生活源。

Note: a)In 2011, indicators of statistical system, method of survey, and related technologies were revised by the former Ministry of Environmental Protection, statistical scope expands to 5 parts: industry source, agriculture source, urban domestic source, vehicle and centralized pollution control facilities.

b)Reference to the benchmarks of the Second National Pollution Sources Census, the Ministry of Ecology and Environment has adjusted and updated relevant data of pollution sources in 2016-2019, which are not comparable to the data of previous years. The statistical scope inclues industry source, agriculture source, domestic source, vehicle and centralized pollution control facilities. The agriculture source includes livestock and poultry farm in large scale. The domestic source includes tertiary industry and urban domestic source.

c)In 2020, the scope, indicators and method of the survey of emission sources were revised by the Ministry of Ecology and Environment. For wastewater discharge, the agriculture source was expanded from livestock and poultry farm in large scale to planting industry, livestock and poultry industry(which includes large scale farm and small scale farmer) and aquaculture industry. Domestic source was expanded from tertiary industry and urban domestic source to tertiary industry and urban and rural domestic source.

2-1 续表 1 continued 1

年 份 Year	供水总量(亿立方米) Total Amount of Water Supply (100 million cu.m)	地表水 Surface Water	地下水 Ground-water	其他 Other	用水总量(亿立方米) Total Amount of Water Use (100 million cu.m)	农业用水 Agriculture	工业用水 Industry
2000	5530.7	4440.4	1069.2	21.1	5497.6	3783.5	1139.1
2001	5567.4	4450.7	1094.9	21.9	5567.4	3825.7	1141.8
2002	5497.3	4404.4	1072.4	20.5	5497.3	3736.2	1142.4
2003	5320.4	4286.0	1018.1	16.3	5320.4	3432.8	1177.2
2004	5547.8	4504.2	1026.4	17.2	5547.8	3585.7	1228.9
2005	5633.0	4572.2	1038.8	22.0	5633.0	3580.0	1285.2
2006	5795.0	4706.7	1065.5	22.7	5795.0	3664.4	1343.8
2007	5818.7	4723.9	1069.1	25.7	5818.7	3599.5	1403.0
2008	5910.0	4796.4	1084.8	28.7	5910.0	3663.5	1397.1
2009	5965.2	4839.5	1094.5	31.2	5965.2	3723.1	1390.9
2010	6022.0	4881.6	1107.3	33.1	6022.0	3689.1	1447.3
2011	6107.2	4953.3	1109.1	44.8	6107.2	3743.6	1461.8
2012	6131.2	4952.8	1133.8	44.6	6131.2	3902.5	1380.7
2013	6183.4	5007.3	1126.2	49.9	6183.4	3921.5	1406.4
2014	6094.9	4920.5	1116.9	57.5	6094.9	3869.0	1356.1
2015	6103.2	4969.5	1069.2	64.5	6103.2	3852.2	1334.8
2016	6040.2	4912.4	1057.0	70.8	6040.2	3768.0	1308.0
2017	6043.4	4945.5	1016.7	81.2	6043.4	3766.4	1277.0
2018	6015.5	4952.7	976.4	86.4	6015.5	3693.1	1261.6
2019	6021.2	4982.5	934.2	104.5	6021.2	3682.3	1217.6
2020	5812.9	4792.3	892.5	128.1	5812.9	3612.4	1030.4
2021	5920.2	4928.1	853.8	138.3	5920.2	3644.3	1049.6

2-1 续表 2 continued 2

年 份 Year	生活用水 Household and Service	人工生态环境补水 Artificial Eco-environment	人均用水量 (立方米) Water Use per Capita (cu.m)	废水排放总量 (亿吨) Waste Water Discharge (100 million tons)	#工业 Industrial Discharge	#生活 Domestic Discharge
2000	574.9		435.4	415.2	194.2	220.9
2001	599.9		437.7	432.9	202.6	230.2
2002	618.7		429.3	439.5	207.2	232.3
2003	630.9	79.5	412.9	459.3	212.3	247.0
2004	651.2	82.0	428.0	482.4	221.1	261.3
2005	675.1	92.7	432.1	524.5	243.1	281.4
2006	693.8	93.0	442.0	536.8	240.2	296.6
2007	710.4	105.7	441.5	556.8	246.6	310.2
2008	729.3	120.2	446.2	571.7	241.7	330.0
2009	748.2	103.0	448.1	589.1	234.4	354.7
2010	765.8	119.8	450.2	617.3	237.5	379.8
2011	789.9	111.9	454.1	659.2	230.9	427.9
2012	739.7	108.3	452.8	684.8	221.6	462.7
2013	750.1	105.4	453.6	695.4	209.8	485.1
2014	766.6	103.2	444.3	716.2	205.3	510.3
2015	793.5	122.7	442.3	735.3	199.5	535.2
2016	821.6	142.6	435.2			
2017	838.1	161.9	432.8			
2018	859.9	200.9	428.8			
2019	871.7	249.6	427.7			
2020	863.1	307.0	411.9			
2021	909.4	316.9	419.2		125.0	

2-1 续表 3 continued 3

年 份 Year	化学需氧量排放总量（万吨） COD Discharge (10 000 tons)	#工业 Industrial Discharge	#生活 Domestic Discharge	氨 氮排放量（万吨） Ammonia Nitrogen Discharge (10 000 tons)	#工业 Industrial Discharge	#生活 Domestic Discharge
2000	1445.0	704.5	740.5			
2001	1404.8	607.5	797.3	125.2	41.3	83.9
2002	1366.9	584.0	782.9	128.8	42.1	86.7
2003	1333.9	511.8	821.1	129.6	40.4	89.2
2004	1339.2	509.7	829.5	133.0	42.2	90.8
2005	1414.2	554.7	859.4	149.8	52.5	97.3
2006	1428.2	541.5	886.7	141.4	42.5	98.9
2007	1381.8	511.1	870.8	132.3	34.1	98.3
2008	1320.7	457.6	863.1	127.0	29.7	97.3
2009	1277.5	439.7	837.9	122.6	27.4	95.3
2010	1238.1	434.8	803.3	120.3	27.3	93.0
2011	2499.9	354.8	938.8	260.4	28.1	147.7
2012	2423.7	338.5	912.8	253.6	26.4	144.6
2013	2352.7	319.5	889.8	245.7	24.6	141.4
2014	2294.6	311.4	864.4	238.5	23.2	138.2
2015	2223.5	293.5	846.9	229.9	21.7	134.1
2016	658.1	122.8	473.5	56.8	6.5	48.4
2017	608.9	91.0	483.8	50.9	4.4	45.4
2018	584.2	81.4	476.8	49.4	4.0	44.7
2019	567.1	77.2	469.9	46.3	3.5	42.1
2020	2564.8	49.7	918.9	98.4	2.1	70.7
2021	2531.0	42.3	811.8	86.8	1.7	58.0

2-2 各流域水资源情况(2021年)
Water Resources by River Valley (2021)

单位：亿立方米 (100 million cu.m)

流域片	River Valley	水资源总量 Total Amount of Water Resources	地表水资源量 Surface Water Resources	地下水资源量 Ground Water Resources	地表水与地下水资源重复量 Duplicated Amount of Surface Water and Groundwater	降水量 Precipitation 亿立方米 (100 million cu.m)	降水量 Precipitation 毫米 (millimeter)
全　国	**National Total**	**29638.2**	**28310.5**	**8195.7**	**6868.0**	**65426.0**	**691.6**
松花江区	Songhuajiang River	2322.0	2043.3	582.7	304.0	5833.6	633.3
#松花江	Songhuajiang River	1477.4	1271.0	396.7	190.3	3716.2	670.2
辽河区	Liaohe River	697.1	584.8	231.4	119.1	2279.6	725.9
#辽河	Liaohe River	308.2	202.6	158.4	52.8	1362.6	615.5
海河区	Haihe River	734.8	473.2	405.2	143.6	2679.1	838.5
#海河	Haihe River	621.9	380.4	361.2	119.7	2252.1	849.4
黄河区	Huanghe River	1000.9	860.0	461.8	320.9	4416.3	555.0
淮河区	Huaihe River	1353.7	1064.4	503.0	213.7	3504.4	1059.3
#淮河	Huaihe River	1191.6	939.1	424.6	172.1	2952.8	1096.0
长江区	Changjiang River	11186.2	11079.0	2624.8	2517.6	20563.1	1152.8
#太湖	Taihu Lake	269.9	250.5	51.2	31.8	526.4	1419.0
东南诸河区	Southeastern Rivers	1997.2	1981.0	464.1	447.9	3655.8	1748.3
珠江区	Zhujiang River	3643.0	3625.7	888.7	871.4	7923.8	1371.1
#珠江	Zhujiang River	2683.5	2678.9	633.5	628.9	5851.8	1325.7
西南诸河区	Southwestern Rivers	5351.8	5351.8	1289.5	1289.5	8769.9	1036.0
西北诸河区	Northwestern Rivers	1351.6	1247.5	744.4	640.3	5800.3	172.6

资料来源:水利部(以下各表同)。
Source:Ministry of Water Resource (the same as in the following tables).

2-3 各流域供水和用水情况(2021年)
Water Supply and Use by River Valley (2021)

单位：亿立方米 (100 million cu.m)

流域片	River Valley	供水总量 Total Amount of Water Supply	地表水 Surface Water	地下水 Groundwater	其 他 Other
全 国	**National Total**	**5920.2**	**4928.1**	**853.8**	**138.3**
松花江区	Songhuajiang River	459.8	297.7	157.5	4.6
#松花江	Songhuajiang River	329.6	218.2	107.5	4.0
辽河区	Liaohe River	187.0	89.2	90.3	7.5
#辽河	Liaohe River	139.0	57.1	77.6	4.3
海河区	Haihe River	365.8	208.7	128.1	28.9
#海河	Haihe River	336.0	195.2	113.8	27.1
黄河区	Huanghe River	389.3	265.5	104.6	19.2
淮河区	Huaihe River	580.8	428.1	127.9	24.7
#淮河	Huaihe River	506.0	380.7	105.7	19.6
长江区	Changjiang River	2072.5	2003.7	39.9	28.9
#太湖	Taihu Lake	342.3	335.1	0.1	7.2
东南诸河区	Southeastern Rivers	296.6	286.7	3.3	6.6
珠江区	Zhujiang River	790.5	760.8	19.5	10.1
#珠江	Zhujiang River	561.9	543.8	9.7	8.4
西南诸河区	Southwestern Rivers	108.6	103.7	3.8	1.2
西北诸河区	Northwestern Rivers	669.3	484.0	178.7	6.6

2-3 续表 continued

单位：亿立方米 (100 million cu.m)

流域片	River Valley	用水总量 Total Amount of Water Use	农业用水 Agriculture	工业用水 Industry	生活用水 Household and Service	人工生态环境补水 Artificial Eco-environment
全 国	**National Total**	**5920.2**	**3644.3**	**1049.6**	**909.4**	**316.9**
松花江区	Songhuajiang River	459.8	378.4	26.9	28.5	25.9
#松花江	Songhuajiang River	329.6	270.8	24.9	24.8	9.2
辽河区	Liaohe River	187.0	124.8	19.3	31.7	11.2
#辽河	Liaohe River	139.0	101.3	11.1	19.1	7.5
海河区	Haihe River	365.8	176.1	40.7	70.4	78.5
#海河	Haihe River	336.0	160.2	34.3	65.1	76.4
黄河区	Huanghe River	389.3	256.8	45.3	55.4	31.8
淮河区	Huaihe River	580.8	367.0	71.7	100.1	42.0
#淮河	Huaihe River	506.0	336.3	57.4	80.3	32.0
长江区	Changjiang River	2072.5	1030.9	633.0	345.1	63.5
#太湖	Taihu Lake	342.3	63.6	213.5	61.6	3.6
东南诸河区	Southeastern Rivers	296.6	145.8	62.2	68.9	19.6
珠江区	Zhujiang River	790.5	473.7	127.5	172.9	16.3
#珠江	Zhujiang River	561.9	306.9	112.3	129.8	12.9
西南诸河区	Southwestern Rivers	108.6	86.8	6.4	13.3	2.0
西北诸河区	Northwestern Rivers	669.3	603.9	16.5	22.9	26.0

2-4 各地区水资源情况(2021年)
Water Resources by Region(2021)

单位：亿立方米 (100 million cu.m)

地 区	Region	水资源总量 Total Amount of Water Resources	地表水资源量 Surface Water Resources	地下水资源量 Ground Water Resources	地表水与地下水资源重复量 Duplicated Amount of Surface Water and Groundwater	降水量 Precipitation 亿立方米 (100 million cu.m)	降水量 Precipitation 毫米 (millimeter)	人均水资源量(立方米/人) Local Water Resources per Capita (cu.m/person)
全 国	**National Total**	**29638.2**	**28310.5**	**8195.7**	**6868.0**	**65426.0**	**691.6**	**2098.5**
北 京	Beijing	61.3	31.6	47.5	17.8	151.6	924.0	280.0
天 津	Tianjin	39.8	30.5	11.0	1.7	117.3	984.1	288.4
河 北	Hebei	376.6	227.6	220.2	71.2	1483.4	790.3	505.1
山 西	Shanxi	207.9	155.9	113.7	61.7	1145.5	733.0	596.6
内蒙古	Inner Mongolia	942.9	788.8	238.6	84.5	3946.2	343.7	3926.3
辽 宁	Liaoning	511.7	460.0	150.8	99.1	1355.2	933.0	1206.3
吉 林	Jilin	459.2	380.0	166.2	87.0	1331.3	710.4	1923.8
黑龙江	Heilongjiang	1196.3	1020.5	346.7	170.9	2934.5	647.7	3800.2
上 海	Shanghai	53.9	45.6	11.2	2.9	93.5	1474.5	216.6
江 苏	Jiangsu	500.8	442.5	135.3	77.0	1221.9	1190.3	589.8
浙 江	Zhejiang	1344.7	1323.3	261.8	240.4	2088.2	1992.5	2067.5
安 徽	Anhui	883.3	798.0	211.7	126.4	1801.5	1291.6	1445.9
福 建	Fujian	758.7	757.3	238.7	237.3	1829.3	1477.1	1817.7
江 西	Jiangxi	1419.7	1400.6	332.0	312.9	2650.2	1587.4	3142.3
山 东	Shandong	525.3	381.8	237.7	94.2	1535.2	979.9	516.6
河 南	Henan	689.2	556.9	257.0	124.7	1866.8	1127.7	695.3
湖 北	Hubei	1188.8	1170.4	326.2	307.8	2359.1	1269.0	2054.1
湖 南	Hunan	1790.6	1783.6	437.4	430.4	3156.4	1490.1	2699.3
广 东	Guangdong	1221.2	1211.3	301.3	291.4	2523.3	1420.9	965.1
广 西	Guangxi	1541.2	1540.5	349.2	348.5	3273.3	1383.1	3065.2
海 南	Hainan	341.6	334.9	92.9	86.2	644.0	1881.4	3362.2
重 庆	Chongqing	750.8	750.8	129.4	129.4	1157.2	1404.3	2338.6
四 川	Sichuan	2924.5	2923.4	625.9	624.8	4882.3	1004.7	3493.4
贵 州	Guizhou	1091.4	1091.4	263.7	263.7	2162.0	1227.3	2831.1
云 南	Yunnan	1615.8	1615.8	562.9	562.9	4307.0	1123.9	3433.5
西 藏	Tibet	4408.9	4408.9	993.5	993.5	6957.8	578.7	120461.7
陕 西	Shaanxi	852.5	810.9	200.0	158.4	1963.0	954.6	2155.8
甘 肃	Gansu	279.0	268.2	120.0	109.2	1227.3	288.5	1118.0
青 海	Qinghai	842.2	824.4	362.5	344.7	2481.6	356.2	14190.4
宁 夏	Ningxia	9.3	7.5	16.4	14.6	141.7	273.5	128.6
新 疆	Xinjiang	809.0	767.8	434.2	393.0	2638.5	161.7	3124.2

2-5 各地区供水和用水情况(2021年)
Water Supply and Use by Region (2021)

单位：亿立方米　　(100 million cu.m)

地 区	Region	供水总量 Total Amount of Water Supply	地表水 Surface Water	地下水 Ground-water	其 他 Other	用水总量 Total Amount of Water Use	农业用水 Agriculture
全 国	**National Total**	**5920.2**	**4928.1**	**853.8**	**138.3**	**5920.2**	**3644.3**
北 京	Beijing	40.8	21.6	13.6	5.5	40.8	2.8
天 津	Tianjin	32.3	23.8	2.7	5.8	32.3	9.3
河 北	Hebei	181.9	96.2	73.2	12.5	181.9	97.1
山 西	Shanxi	72.6	38.5	28.2	6.0	72.6	40.8
内蒙古	Inner Mongolia	191.7	105.7	79.0	7.0	191.7	137.5
辽 宁	Liaoning	129.0	76.7	46.5	5.8	129.0	77.2
吉 林	Jilin	110.2	74.3	33.8	2.1	110.2	79.9
黑龙江	Heilongjiang	324.5	200.2	122.0	2.2	324.5	289.2
上 海	Shanghai	105.8	105.5		0.2	105.8	15.3
江 苏	Jiangsu	567.5	552.4	3.2	11.9	567.5	246.2
浙 江	Zhejiang	166.4	161.7	0.2	4.5	166.4	73.3
安 徽	Anhui	271.7	239.5	25.8	6.3	271.7	144.1
福 建	Fujian	182.6	175.3	3.3	4.0	182.6	99.8
江 西	Jiangxi	249.4	241.9	5.0	2.5	249.4	167.3
山 东	Shandong	210.1	128.9	66.8	14.4	210.1	115.8
河 南	Henan	222.9	115.6	96.9	10.3	222.9	115.0
湖 北	Hubei	336.1	330.5	5.4	0.3	336.1	177.7
湖 南	Hunan	322.4	312.1	6.7	3.6	322.4	199.9
广 东	Guangdong	407.0	394.0	8.6	4.4	407.0	204.2
广 西	Guangxi	268.5	258.2	7.1	3.2	268.5	189.6
海 南	Hainan	45.0	43.3	1.3	0.4	45.0	34.0
重 庆	Chongqing	72.1	66.2	0.5	5.4	72.1	28.7
四 川	Sichuan	244.3	236.4	6.5	1.4	244.3	158.6
贵 州	Guizhou	104.1	100.6	2.1	1.4	104.1	62.1
云 南	Yunnan	160.3	153.2	3.9	3.2	160.3	112.1
西 藏	Tibet	32.4	29.0	3.3	0.1	32.4	27.3
陕 西	Shaanxi	91.8	57.7	29.2	4.9	91.8	54.6
甘 肃	Gansu	110.1	83.9	23.5	2.7	110.1	82.6
青 海	Qinghai	24.5	19.1	5.0	0.5	24.5	17.5
宁 夏	Ningxia	68.1	61.9	5.2	1.0	68.1	56.9
新 疆	Xinjiang	573.9	424.1	145.0	4.8	573.9	527.9

2-5 续表 continued

单位：亿立方米 (100 million cu.m)

地 区	Region	工业用水 Industry	生活用水 Household and Service	人工生态环境补水 Artificial Eco-environment	人均用水量（立方米） Water Use per Capita (cu.m)
全 国	**National Total**	**1049.6**	**909.4**	**316.9**	**419.2**
北 京	Beijing	2.9	19.4	15.7	186.4
天 津	Tianjin	4.8	7.0	11.3	234.1
河 北	Hebei	17.7	27.8	39.3	244.0
山 西	Shanxi	12.3	15.1	4.5	208.3
内蒙古	Inner Mongolia	13.4	11.7	29.1	798.3
辽 宁	Liaoning	16.5	26.6	8.7	304.1
吉 林	Jilin	9.2	13.1	8.1	461.7
黑龙江	Heilongjiang	17.8	15.9	1.6	1030.8
上 海	Shanghai	65.0	24.7	0.9	425.2
江 苏	Jiangsu	250.2	66.1	5.1	668.4
浙 江	Zhejiang	35.8	50.6	6.8	255.8
安 徽	Anhui	82.1	36.5	9.0	444.8
福 建	Fujian	35.4	32.4	14.9	437.5
江 西	Jiangxi	48.7	28.8	4.6	552.0
山 东	Shandong	32.6	40.3	21.4	206.6
河 南	Henan	28.0	45.1	34.8	224.9
湖 北	Hubei	85.6	51.9	21.0	580.7
湖 南	Hunan	62.1	48.4	11.9	486.0
广 东	Guangdong	78.2	117.9	6.7	321.6
广 西	Guangxi	36.5	36.1	6.3	534.0
海 南	Hainan	1.5	8.5	1.0	442.9
重 庆	Chongqing	19.3	22.5	1.6	224.6
四 川	Sichuan	21.8	57.0	6.9	291.8
贵 州	Guizhou	20.0	20.0	2.0	270.0
云 南	Yunnan	15.7	27.5	5.0	340.6
西 藏	Tibet	1.1	3.5	0.4	885.2
陕 西	Shaanxi	10.9	20.3	5.9	232.1
甘 肃	Gansu	6.5	9.7	11.3	441.2
青 海	Qinghai	2.5	2.9	1.7	412.8
宁 夏	Ningxia	4.2	3.7	3.3	941.9
新 疆	Xinjiang	11.2	18.7	16.2	2216.3

2-6 流域分区河流水质状况评价结果(按评价河长统计)(2021年)
Evaluation of River Water Quality by River Valley (by River Length) (2021)

流域分区	River	评价河长(千米) Evaluate Length (km)	分类河长占评价河长百分比(%) Classify River Length of Evaluate Length (%)					
			Ⅰ类 Grade Ⅰ	Ⅱ类 Grade Ⅱ	Ⅲ类 Grade Ⅲ	Ⅳ类 Grade Ⅳ	Ⅴ类 Grade Ⅴ	劣Ⅴ类 Worse than Grade Ⅴ
全　国	**National Total**	**238981**	**8.2**	**51.9**	**23.0**	**10.6**	**3.2**	**3.1**
松花江区	Songhuajiang River	23270	0.1	25.6	40.6	22.9	6.8	4.0
#松花江	Songhuajiang River	16259	0.1	33.6	41.5	19.1	2.9	2.8
辽河区	Liaohe River	9200	8.4	25.3	39.0	17.8	4.8	4.7
#辽河	Liaohe River	5610	0.9	16.4	49.7	22.9	4.5	5.6
海河区	Haihe River	18233	0.3	41.1	27.4	16.7	4.3	10.2
#海河	Haihe River	14991	0.4	39.6	26.6	18.5	5.2	9.7
黄河区	Huanghe River	18372	10.1	50.7	12.8	11.2	6.1	9.1
淮河区	Huaihe River	19535	0.2	11.4	47.4	27.6	9.3	4.1
#淮河	Huaihe River	18930	0.2	9.8	48.0	28.1	9.6	4.3
长江区	Changjiang River	72244	8.2	63.4	20.9	5.8	1.0	0.7
#太湖	Taihu Lake	5803		9.3	56.8	26.6	4.0	3.3
东南诸河区	Southeastern Rivers	6333	4.4	55.4	31.1	6.6	2.2	0.3
珠江区	Zhujiang River	32072	7.0	69.3	14.4	6.6	1.2	1.5
#珠江	Zhujiang River	24461	8.0	73.9	10.8	4.6	1.0	1.7
西南诸河区	Southwestern Rivers	21970	6.7	76.8	11.8	3.5	0.8	0.4
西北诸河区	Northwestern Rivers	17752	39.0	46.7	6.6	2.2	2.0	3.5

2-7 主要水系水质状况评价结果(按监测断面统计)(2021年)
Evaluation of River Water Quality by Water System (by Monitoring Sections) (2021)

主要水系	Main Water System	监测断面个数(个) Number of Monitoring Sections (unit)	分类水质断面占全部断面百分比(%) Proportion of Monitored Section Water Quality (%)					
			Ⅰ类 Grade Ⅰ	Ⅱ类 Grade Ⅱ	Ⅲ类 Grade Ⅲ	Ⅳ类 Grade Ⅳ	Ⅴ类 Grade Ⅴ	劣Ⅴ类 Worse than Grade Ⅴ
长　江	Changjiang River	1017	7.5	70.7	18.9	2.4	0.5	0.1
黄　河	Huanghe River	265	6.4	51.7	23.8	12.5	1.9	3.8
珠　江	Zhujiang River	364	9.1	62.1	21.2	5.2	1.4	1.1
松花江	Songhuajiang River	254		15.0	46.1	27.2	7.5	4.3
淮　河	Huanhe River	341	0.9	19.4	60.1	19.1	0.6	
海　河	Haihe River	244	6.1	29.1	33.2	28.3	2.9	0.4
辽　河	Liaohe River	194	4.6	47.9	28.9	16.5	2.1	

资料来源：生态环境部(以下各表同)。
Source: Ministry of Ecology and Environment(the same as in the following tables).

2-8 重点评价湖泊水质状况(2021)
Water Quality Status of Lakes in Key Evaluation (2021)

主要水系	Main Water System	所属行政区	Region	总体水质状况 Categories of Overall Water Quality	营养状况 Nutritional Status
白洋淀	Baiyangdian	河北	Hebei	III	中营养/Mesotropher
衡水湖	Hengshui Lake	河北	Hebei	III	中营养/Mesotropher
乌梁素海	Wuliangsuhai Lake	内蒙古	Inner Mongolia	IV	中营养/Mesotropher
小兴凯湖	Xiaoxingkai Lake	黑龙江	Heilongjiang	Ⅳ	轻度富营养/Light Eutropher
兴凯湖	Xingkai Lake	黑龙江	Heilongjiang	Ⅴ	轻度富营养/Light Eutropher
镜泊湖	Jingpo Lake	黑龙江	Heilongjiang	III	中营养/Mesotropher
淀山湖	Dianshan Lake	上海	Shanghai	Ⅴ	轻度富营养/Light Eutropher
高邮湖	Gaoyou Lake	江苏	Jiangsu	Ⅳ	轻度富营养/Light Eutropher
阳澄湖	Yangcheng Lake	江苏	Jiangsu	Ⅳ	轻度富营养/Light Eutropher
洪泽湖	Hongze Lake	江苏	Jiangsu	Ⅳ	轻度富营养/Light Eutropher
太湖	Taihu Lake	江苏	Jiangsu	Ⅳ	轻度富营养/Light Eutropher
白马湖	Baima Lake	江苏	Jiangsu	III	轻度富营养/Light Eutropher
骆马湖	Luoma Lake	江苏	Jiangsu	Ⅳ	轻度富营养/Light Eutropher
东钱湖	Dongqian Lake	浙江	Zhejiang	III	轻度富营养/Light Eutropher
西湖	West Lake	浙江	Zhejiang	III	中营养/Mesotropher
龙感湖	Longgan Lake	安徽	Anhui	Ⅳ	轻度富营养/Light Eutropher
巢湖	Chaohu Lake	安徽	Anhui	Ⅳ	中度富营养/Middle Eutropher
南漪湖	Nanyi Lake	安徽	Anhui	III	中营养/Mesotropher
菜子湖	Caizi Lake	安徽	Anhui	III	轻度富营养/Light Eutropher
焦岗湖	Jiaogang Lake	安徽	Anhui	Ⅳ	轻度富营养/Light Eutropher
武昌湖	Wuchang Lake	安徽	Anhui	III	中营养/Mesotropher
升金湖	Shengjin Lake	安徽	Anhui	III	中营养/Mesotropher
瓦埠湖	Wabu Lake	安徽	Anhui	III	轻度富营养/Light Eutropher
黄大湖	Huangda Lake	安徽	Anhui	III	中营养/Mesotropher
花亭湖	Huating Lake	安徽	Anhui	Ⅱ	中营养/Mesotropher
仙女湖	Xiannv Lake	江西	Jiangxi	Ⅳ	轻度富营养/Light Eutropher
鄱阳湖	Poyang Lake	江西	Jiangxi	Ⅳ	轻度富营养/Light Eutropher
柘林湖	Zhelin Lake	江西	Jiangxi	Ⅱ	中营养/Mesotropher
东平湖	Dongping Lake	山东	Shandong	III	中营养/Mesotropher
南四湖	Nansi Lake	山东	Shandong	III	轻度富营养/Light Eutropher
高唐湖	Gaotang Lake	山东	Shandong	Ⅱ	中营养/Mesotropher
洪湖	Honghu Lake	湖北	Hubei	Ⅴ	轻度富营养/Light Eutropher
斧头湖	Futou Lake	湖北	Hubei	III	轻度富营养/Light Eutropher
梁子湖	Liangzi Lake	湖北	Hubei	III	轻度富营养/Light Eutropher
大通湖	Datong Lake	湖南	Hunan	IV	轻度富营养/Light Eutropher
洞庭湖	Dongting Lake	湖南	Hunan	IV	中营养/Mesotropher
邛海	Qionghai Lake	四川	Sichuan	Ⅱ	贫营养/Oligotropher
百花湖	Baihua Lake	贵州	Guizhou	Ⅱ	中营养/Mesotropher
红枫湖	Hongfeng Lake	贵州	Guizhou	Ⅱ	中营养/Mesotropher
万峰湖	Wanfeng Lake	贵州	Guizhou	III	中营养/Mesotropher
杞麓湖	Qilu Lake	云南	Yunnan	劣V	中度富营养/Middle Eutropher
星云湖	Xingyun Lake	云南	Yunnan	V	轻度富营养/Light Eutropher
异龙湖	Yilong Lake	云南	Yunnan	劣V	中度富营养/Middle Eutropher
滇池	Dianchi	云南	Yunnan	IV	中度富营养/Middle Eutropher
程海	Chenghai Lake	云南	Yunnan	劣V	中营养/Mesotropher
阳宗海	Yangzonghai Lake	云南	Yunnan	III	中营养/Mesotropher
洱海	Erhai	云南	Yunnan	Ⅱ	中营养/Mesotropher
抚仙湖	Fuxian Lake	云南	Yunnan	Ⅰ	贫营养/Oligotropher
泸沽湖	Lugu Lake	云南	Yunnan	Ⅰ	贫营养/Oligotropher
班公错	Bangongcuo	西藏	Tibet	Ⅱ	贫营养/Oligotropher
色林错	Selincuo	西藏	Tibet	Ⅱ	中营养/Mesotropher
沙湖	Shahu Lake	宁夏	Ningxia	III	中营养/Mesotropher
香山湖	Xiangshan Lake	宁夏	Ningxia	Ⅱ	中营养/Mesotropher
乌伦古湖	Wulungu Lake	新疆	Xinjiang	劣V	中营养/Mesotropher
赛里木湖	Sailimu Lake	新疆	Xinjiang	Ⅱ	贫营养/Oligotropher
博斯腾湖	Bositeng Lake	新疆	Xinjiang	III	中营养/Mesotropher

2-9 各地区废水排放情况(2021年)
Discharge of Waste Water by Region (2021)

单位：吨 (ton)

地 区	Region	化学需氧量排放总量 COD Discharged	工业 Industry	农业 Agriculture	生活 Domestic	集中式污染治理设施 Centralized Pollution Control Facilities
全 国	**National Total**	**25309798**	**422917**	**16759847**	**8117563**	**9472**
北 京	Beijing	48705	1414	12977	34302	12
天 津	Tianjin	155237	2780	118788	33625	46
河 北	Hebei	1535327	13990	1147071	374171	95
山 西	Shanxi	616140	4515	453542	158053	31
内蒙古	Inner Mongolia	767149	6167	642783	118108	90
辽 宁	Liaoning	1198614	10854	1020525	167062	173
吉 林	Jilin	763218	6915	630255	125740	308
黑龙江	Heilongjiang	851359	6942	697437	146767	213
上 海	Shanghai	75136	8636	8204	58179	117
江 苏	Jiangsu	1194923	62855	733722	398054	292
浙 江	Zhejiang	498708	43647	82370	372473	218
安 徽	Anhui	1200447	14657	745248	440372	169
福 建	Fujian	556889	18744	186704	351308	133
江 西	Jiangxi	1095684	18763	716068	360533	319
山 东	Shandong	1562795	41921	1043566	477179	129
河 南	Henan	1518451	15237	981585	521462	166
湖 北	Hubei	1567538	13506	1140988	412899	145
湖 南	Hunan	1518215	13481	1132112	372419	203
广 东	Guangdong	1580827	37456	790437	749338	3596
广 西	Guangxi	958214	12910	489202	455497	605
海 南	Hainan	171738	3961	95761	71984	33
重 庆	Chongqing	338201	8899	202542	126684	76
四 川	Sichuan	1358216	17604	742936	597309	367
贵 州	Guizhou	1183540	3912	952179	226861	587
云 南	Yunnan	694335	8774	418749	266224	587
西 藏	Tibet	137149	130	94717	42231	71
陕 西	Shaanxi	507436	7121	220296	279747	272
甘 肃	Gansu	661348	2960	559763	98324	301
青 海	Qinghai	79432	1757	20951	56678	47
宁 夏	Ningxia	245018	2619	213857	28497	44
新 疆	Xinjiang	669811	9788	464513	195484	27

2-9 续表 1 continued 1

单位：吨 (ton)

地 区	Region	氨氮排放总量 Ammona Nitrogen Discharged	工业 Industry	农业 Agriculture	生活 Domestic	集中式污染治理设施 Centralized Pollution Control Facilities
全 国	**National Total**	**867512**	**17109**	**268825**	**580370**	**1208**
北 京	Beijing	2192	26	201	1965	0
天 津	Tianjin	2487	82	1162	1235	8
河 北	Hebei	37074	684	14310	22071	8
山 西	Shanxi	14027	157	5432	8431	6
内蒙古	Inner Mongolia	15805	287	8680	6825	12
辽 宁	Liaoning	16013	392	9005	6587	30
吉 林	Jilin	11338	305	6270	4708	55
黑龙江	Heilongjiang	14679	498	8418	5731	31
上 海	Shanghai	2947	192	260	2492	3
江 苏	Jiangsu	43341	2185	15923	25219	14
浙 江	Zhejiang	34980	642	5891	28436	10
安 徽	Anhui	43321	772	15783	26741	26
福 建	Fujian	38177	650	11468	26047	12
江 西	Jiangxi	47049	1380	16664	28930	74
山 东	Shandong	46436	1372	16556	28502	6
河 南	Henan	43310	741	12522	30016	30
湖 北	Hubei	54969	731	20502	33713	22
湖 南	Hunan	57518	643	24472	32365	37
广 东	Guangdong	77198	1403	16219	59379	196
广 西	Guangxi	53238	480	16569	36050	139
海 南	Hainan	6607	102	1672	4826	6
重 庆	Chongqing	19550	411	3634	15498	8
四 川	Sichuan	64878	1234	10702	52876	66
贵 州	Guizhou	25613	307	6884	18285	137
云 南	Yunnan	26189	369	6919	18778	123
西 藏	Tibet	4069	5	430	3619	15
陕 西	Shaanxi	27122	297	2892	23884	49
甘 肃	Gansu	6023	133	2992	2832	65
青 海	Qinghai	5589	90	281	5211	7
宁 夏	Ningxia	2533	84	1175	1265	9
新 疆	Xinjiang	23241	453	4935	17851	2

2-9 续表 2 continued 2

单位：吨 (ton)

地 区	Region	废水中污染物排放量 Amount of Pollutants Discharged in Waste Water				
		总氮 Total Nitrogen	总磷 Total Phosphorus	石油类 Petroleum	挥发酚（千克） Volatile Phenols (kg)	氰化物（千克） Cyanide (kg)
全 国	**National Total**	**3166627**	**338144**	**2218**	**51792**	**28068**
北 京	Beijing	9511	373	7	36	23
天 津	Tianjin	17204	1558	10	16	88
河 北	Hebei	133342	14573	161	5033	2939
山 西	Shanxi	53614	6407	34	900	798
内蒙古	Inner Mongolia	61110	4246	17	59	57
辽 宁	Liaoning	100507	13654	190	9158	960
吉 林	Jilin	59739	6262	21	331	212
黑龙江	Heilongjiang	82568	7250	37	1161	316
上 海	Shanghai	25881	750	172	662	195
江 苏	Jiangsu	175489	17344	169	3680	1802
浙 江	Zhejiang	127187	10023	157	792	681
安 徽	Anhui	156303	18526	101	812	1079
福 建	Fujian	115934	13392	58	966	740
江 西	Jiangxi	138504	17083	113	11494	1445
山 东	Shandong	163765	14814	207	5094	1107
河 南	Henan	176282	17941	34	362	260
湖 北	Hubei	196280	24785	104	1061	7121
湖 南	Hunan	194811	24867	62	1468	2606
广 东	Guangdong	288215	29558	182	670	3748
广 西	Guangxi	194282	23301	29	269	81
海 南	Hainan	29271	3750	1	212	22
重 庆	Chongqing	59336	4964	108	3112	317
四 川	Sichuan	192121	18170	73	359	40
贵 州	Guizhou	102116	15292	22	262	324
云 南	Yunnan	111240	10437	26	104	129
西 藏	Tibet	10120	1055	0		
陕 西	Shaanxi	71679	5031	37	563	574
甘 肃	Gansu	35293	4927	22	447	127
青 海	Qinghai	10504	508	6	491	8
宁 夏	Ningxia	14653	1971	5	90	77
新 疆	Xinjiang	59767	5331	51	2130	194

2-9 续表 3 continued 3

地 区	Region	废水中污染物排放量 Amount of Pollutants Discharged in Waste Water					
		总铅（千克） Total Plumbum (kg)	总汞（千克） Total Mercury (kg)	总镉（千克） Total Cadmium (kg)	六价铬（千克） Hexavalent Chromium (kg)	总铬（千克） Total Chromium (kg)	总砷（千克） Total Arsenic (kg)
全 国	**National Total**	**19588**	**638**	**3270**	**3946**	**17796**	**9223**
北 京	Beijing	11	0	1	2	9	1
天 津	Tianjin	27	7	5	17	71	17
河 北	Hebei	182	7	14	114	570	98
山 西	Shanxi	51	2	32	2	5	259
内蒙古	Inner Mongolia	188	9	17	14	85	86
辽 宁	Liaoning	100	15	28	20	318	104
吉 林	Jilin	229	1	61	33	299	66
黑龙江	Heilongjiang	29	2	5	60	73	286
上 海	Shanghai	60	3	14	55	194	37
江 苏	Jiangsu	339	24	12	414	1938	72
浙 江	Zhejiang	445	5	68	758	2623	48
安 徽	Anhui	667	14	129	144	1393	444
福 建	Fujian	479	5	90	104	1161	896
江 西	Jiangxi	2043	18	624	236	559	1154
山 东	Shandong	793	36	133	320	2652	502
河 南	Henan	671	7	45	28	757	83
湖 北	Hubei	709	32	395	126	462	948
湖 南	Hunan	4427	156	431	204	818	533
广 东	Guangdong	2306	17	350	900	2322	827
广 西	Guangxi	458	28	70	33	328	341
海 南	Hainan	14	1	4	14	41	14
重 庆	Chongqing	47	2	4	74	182	18
四 川	Sichuan	226	47	27	88	359	212
贵 州	Guizhou	160	4	29	20	79	241
云 南	Yunnan	1888	39	269	21	53	908
西 藏	Tibet	11	0	2	1	3	3
陕 西	Shaanxi	219	22	47	22	103	485
甘 肃	Gansu	552	44	46	89	196	202
青 海	Qinghai	1964	43	221	2	11	60
宁 夏	Ningxia	2	42	1	2	8	1
新 疆	Xinjiang	293	5	95	30	125	277

2-10 各行业工业废水排放情况(2021年)
Discharge of Industrial Waste Water by Sector (2021)

行　　业	Sector	化学需氧量排放量(吨) COD Discharged (ton)	氨氮排放量(吨) Ammona Nitrogen Discharged (ton)
行业总计	**Total**	**377453**	**15701**
农、林、牧、渔专业及辅助性活动	Professional and Support Activities for Agriculture, Forestry, Animal Husbandry and Fishery	603	41
煤炭开采和洗选业	Mining and Washing of Coal	7334	167
石油和天然气开采业	Extraction of Petroleum and Natural Gas	1138	41
黑色金属矿采选业	Mining and Processing of Ferrous Metal Ores	1579	17
有色金属矿采选业	Mining and Processing of Non-ferrous Metal Ores	4294	231
非金属矿采选业	Mining and Processing of Non-metal Ores	1601	172
开采专业及辅助性活动	Professional and Support Activities for Mining	33	5
其他采矿业	Mining of Other Ores	3	0
农副食品加工业	Processing of Food from Agricultural Products	39255	1685
食品制造业	Manufacture of Foods	21293	1265
酒、饮料和精制茶制造业	Manufacture of Liquor, Beverages and Refined Tea	14840	677
烟草制品业	Manufacture of Tobacco	555	26
纺织业	Manufacture of Textile	61492	1401
纺织服装、服饰业	Manufacture of Textile, Wearing Apparel and Accessories	3209	137
皮革、毛皮、羽毛及其制品和制鞋业	Manufacture of Leather, Fur, Feather and Related Products and Footware	3869	183
木材加工和木、竹、藤、棕、草制品业	Processing of Timber, Manufacture of Wood, Bamboo, Rattan, Palm and Straw Products	314	4
家具制造业	Manufacture of Furniture	126	4
造纸及纸制品业	Manufacture of Paper and Paper Products	52803	1435
印刷和记录媒介复制业	Printing and Reproduction of Recording Media	208	14
文教、工美、体育和娱乐用品制造业	Manufacture of Articles for Culture, Education, Arts and Crafts, Sport and Entertainment Activities	338	23
石油、煤炭及其他燃料加工业	Processing of Petroleum, Coal and Other Fuels	12150	457

2-10 续表 continued

行　　业	Sector	化学需氧量排放量(吨) COD Discharged (ton)	氨氮排放量(吨) Ammona Nitrogen Discharged (ton)
化学原料和化学制品制造业	Manufacture of Raw Chemical Materials and Chemical Products	51910	3216
医药制造业	Manufacture of Medicines	12848	539
化学纤维制造业	Manufacture of Chemical Fibers	12927	439
橡胶和塑料制品业	Manufacture of Rubber and Plastics Products	2781	113
非金属矿物制品业	Manufacture of Non-metallic Mineral Products	3122	98
黑色金属冶炼和压延加工业	Smelting and Pressing of Ferrous Metals	6275	401
有色金属冶炼和压延加工业	Smelting and Pressing of Non-ferrous Metals	3939	659
金属制品业	Manufacture of Metal Products	5952	225
通用设备制造业	Manufacture of General Purpose Machinery	1436	36
专用设备制造业	Manufacture of Special Purpose Machinery	1064	26
汽车制造业	Manufacture of Automobiles	3957	87
铁路、船舶、航空航天和其他运输设备制造业	Manufacture of Railway, Ship, Aerospace and Other Transport Equipments	2525	74
电气机械和器材制造业	Manufacture of Electrical Machinery and Apparatus	4391	182
计算机、通信和其他电子设备制造业	Manufacture of Computers, Communication and Other Electronic Equipment	19228	963
仪器仪表制造业	Manufacture of Measuring Instruments and Machinery	107	5
其他制造业	Other Manufacture	376	10
废弃资源综合利用业	Utilization of Waste Resources	647	25
金属制品、机械和设备修理业	Repair Service of Metal Products, Machinery and Equipment	512	13
电力、热力生产和供应业	Production and Supply of Electric Power and Heat Power	9499	407
燃气生产和供应业	Production and Supply of Gas	16	0
水的生产和供应业	Production and Supply of Water	6905	198

2-11 各地区工业废水处理情况(2021年)
Treatment of Industrial Waste Water by Region (2021)

地区	Region	工业废水治理设施数(套) Number of Industrial Waste Water Treatment Facilities (set)	工业废水治理设施处理能力(万吨/日) Capacity of Industrial Waste Water Treatment Facilities (10 000 tons/day)	工业废水治理设施运行费用(万元) Expenditure of Industrial Waste Water Treatment Facilities (10 000 yuan)
全 国	**National Total**	**70212**	**18466**	**7138131**
北 京	Beijing	507	47	30322
天 津	Tianjin	1079	87	82013
河 北	Hebei	3221	2071	380101
山 西	Shanxi	1531	460	152596
内蒙古	Inner Mongolia	1306	439	277507
辽 宁	Liaoning	1916	955	261836
吉 林	Jilin	661	171	61172
黑龙江	Heilongjiang	843	611	141204
上 海	Shanghai	1691	160	159226
江 苏	Jiangsu	6603	1207	856485
浙 江	Zhejiang	8429	1027	721837
安 徽	Anhui	2984	999	289862
福 建	Fujian	3175	1605	234512
江 西	Jiangxi	3408	663	261518
山 东	Shandong	5510	1437	756490
河 南	Henan	2523	819	234025
湖 北	Hubei	2363	616	250480
湖 南	Hunan	1980	248	134211
广 东	Guangdong	7587	1037	655946
广 西	Guangxi	1113	791	87610
海 南	Hainan	280	54	24370
重 庆	Chongqing	1528	132	86308
四 川	Sichuan	3951	922	310845
贵 州	Guizhou	779	538	68581
云 南	Yunnan	1813	536	98112
西 藏	Tibet	47	3	867
陕 西	Shaanxi	1289	326	172164
甘 肃	Gansu	726	109	61828
青 海	Qinghai	171	22	14585
宁 夏	Ningxia	355	108	89984
新 疆	Xinjiang	843	268	181535

2-12 各行业工业废水处理情况(2021年)
Treatment of Industrial Waste Water by Sector (2021)

行　业	Sector	工业废水治理设施数(套) Number of Industrial Waste Water Treatment Facilities (set)	工业废水治理设施处理能力(万吨/日) Capacity of Industrial Waste Water Treatment Facilities (10 000 tons/day)	工业废水治理设施运行费用(万元) Annual Expenditure of Industrial Waste Water Treatment Facilities (10 000 yuan)
行业总计	**Total**	**70212**	**18466**	**7138131**
农、林、牧、渔专业及辅助性活动	Professional and Support Activities for Agriculture, Forestry, Animal Husbandry and Fishery	173	13	2749
煤炭开采和洗选业	Mining and Washing of Coal	2176	1057	164835
石油和天然气开采业	Extraction of Petroleum and Natural Gas	534	509	189012
黑色金属矿采选业	Mining and Processing of Ferrous Metal Ores	353	448	42270
有色金属矿采选业	Mining and Processing of Non-ferrous Metal Ores	708	551	87700
非金属矿采选业	Mining and Processing of Non-metal Ores	274	93	10506
开采专业及辅助性活动	Professional and Support Activities for Mining	18	6	619
其他采矿业	Mining of Other Ores	5	0	91
农副食品加工业	Processing of Food from Agricultural Products	8358	623	184282
食品制造业	Manufacture of Foods	3288	331	154641
酒、饮料和精制茶制造业	Manufacture of Liquor, Beverages and Refined Tea	2253	294	102500
烟草制品业	Manufacture of Tobacco	110	11	9149
纺织业	Manufacture of Textile	4157	1058	561734
纺织服装、服饰业	Manufacture of Textile, Wearing Apparel and Accessories	544	72	20462
皮革、毛皮、羽毛及其制品和制鞋业	Manufacture of Leather, Fur, Feather and Related Products and Footware	1076	127	61458
木材加工和木、竹、藤、棕、草制品业	Processing of Timber, Manufacture of Wood, Bamboo, Rattan, Palm and Straw Products	303	10	3744
家具制造业	Manufacture of Furniture	481	3	3862
造纸及纸制品业	Manufacture of Paper and Paper Products	1978	1310	464745
印刷和记录媒介复制业	Printing and Reproduction of Recording Media	552	4	5011
文教、工美、体育和娱乐用品制造业	Manufacture of Articles for Culture, Education, Arts and Crafts, Sport and Entertainment Activities	533	8	5673
石油、煤炭及其他燃料加工业	Processing of Petroleum, Coal and Other Fuels	884	465	723343

2-12 续表 continued

行　业	Sector	工业废水治理设施数(套) Number of Industrial Waste Water Treatment Facilities (set)	工业废水治理设施处理能力(万吨/日) Capacity of Industrial Waste Water Treatment Facilities (10 000 tons/day)	工业废水治理设施运行费用(万元) Annual Expenditure of Industrial Waste Water Treatment Facilities (10 000 yuan)
化学原料和化学制品制造业	Manufacture of Raw Chemical Materials and Chemical Products	7541	1063	1324251
医药制造业	Manufacture of Medicines	3817	230	349285
化学纤维制造业	Manufacture of Chemical Fibers	490	184	100291
橡胶和塑料制品业	Manufacture of Rubber and Plastics Products	1264	54	25530
非金属矿物制品业	Manufacture of Non-metallic Mineral Products	2683	509	50850
黑色金属冶炼和压延加工业	Smelting and Pressing of Ferrous Metals	1867	6121	855439
有色金属冶炼和压延加工业	Smelting and Pressing of Non-ferrous Metals	1802	171	186843
金属制品业	Manufacture of Metal Products	7011	433	272092
通用设备制造业	Manufacture of General Purpose Machinery	1603	33	28146
专用设备制造业	Manufacture of Special Purpose Machinery	887	17	14353
汽车制造业	Manufacture of Automobiles	2580	118	95572
铁路、船舶、航空航天和其他运输设备制造业	Manufacture of Railway, Ship, Aerospace and Other Transport Equipments	767	36	18985
电气机械和器材制造业	Manufacture of Electrical Machinery and Apparatus	1453	95	88081
计算机、通信和其他电子设备制造业	Manufacture of Computers, Communication and Other Electronic Equipment	3632	573	585737
仪器仪表制造业	Manufacture of Measuring Instruments and Machinery	149	3	1446
其他制造业	Other Manufacture	330	19	14127
废弃资源综合利用业	Utilization of Waste Resources	615	22	23566
金属制品、机械和设备修理业	Repair Service of Metal Products, Machinery and Equipment	258	5	6865
电力、热力生产和供应业	Production and Supply of Electric Power and Heat Power	2341	1383	208361
燃气生产和供应业	Production and Supply of Gas	23	6	7845
水的生产和供应业	Production and Supply of Water	341	395	82081

2-13 主要城市废水排放情况(2021年)
Discharge of Waste Water in Major Cities (2021)

城　市	City	工业化学需氧量排放量(吨) Industrial COD Discharged (ton)	工业氨氮排放量(吨) Industrial Ammonia Nitrogen Discharged (ton)	生活化学需氧量排放量(吨) Domestic COD Discharged (ton)	生活氨氮排放量(吨) Domestic Ammonia Nitrogen Discharged (ton)
北　京	Beijing	1414	26	8751	184
天　津	Tianjin	2780	82	17192	339
石家庄	Shijiazhuang	3405	138	8031	143
太　原	Taiyuan	639	28	7484	164
呼和浩特	Hohhot	778	21	20629	2263
沈　阳	Shenyang	1227	61	13309	509
长　春	Changchun	1034	29	13054	287
哈尔滨	Harbin	730	26	16126	548
上　海	Shanghai	8636	192	38541	1022
南　京	Nanjing	3196	100	68034	3981
杭　州	Hangzhou	4715	81	29164	3010
合　肥	Hefei	1644	40	10755	163
福　州	Fuzhou	1529	29	33697	467
南　昌	Nanchang	2416	83	7325	300
济　南	Jinan	1557	52	13943	740
郑　州	Zhengzhou	1065	24	18061	357
武　汉	Wuhan	3003	151	37836	2746
长　沙	Changsha	2672	135	14386	558
广　州	Guangzhou	2813	70	17708	455
南　宁	Nanning	2428	59	37617	434
海　口	Haikou	158	9	12798	279
重　庆	Chongqing	8899	411	33846	11054
成　都	Chengdu	1993	58	176810	23573
贵　阳	Guiyang	967	149	6462	941
昆　明	Kunming	1148	79	9990	2676
拉　萨	Lhasa	67	3	4576	649
西　安	Xi'an	956	45	16229	4095
兰　州	Lanzhou	796	28	5434	340
西　宁	Xining	275	21	15071	2056
银　川	Yinchuan	1077	24	3993	113
乌鲁木齐	Urumqi	542	23	7899	5008

三、海洋环境

Marine Environment

3-1 全国海洋环境情况(2001-2021年)
Marine Environment (2001-2021)

年 份 Year	管辖海域未达到第一类海水水质标准的海域面积(平方公里) Sea Area with Water Quality Not Reaching Standard of Grade Ⅰ (sq.km)				
	合 计 Total	二类水质海域面积 Sea Area with Water Quality at Grade Ⅱ	三类水质海域面积 Sea Area with Water Quality at Grade Ⅲ	四类水质海域面积 Sea Area with Water Quality at Grade Ⅳ	劣四类水质海域面积 Sea Area with Water Quality Worse than Grade Ⅳ
2001	173390	99440	25710	15650	32590
2002	174390	111020	19870	17780	25720
2003	142080	80480	22010	14910	24680
2004	169000	65630	40500	30810	32060
2005	139280	57800	34060	18150	29270
2006	148970	51020	52140	17440	28370
2007	145280	51290	47510	16760	29720
2008	137000	65480	28840	17420	25260
2009	146980	70920	25500	20840	29720
2010	177720	70430	36190	23070	48030
2011	144290	47840	34310	18340	43800
2012	169520	46910	30030	24700	67880
2013	143620	47160	36490	15630	44340
2014	148710	43280	42740	21550	41140
2015	154610	54120	36900	23570	40020
2016	135520	49310	31020	17770	37420
2017	130330	49830	28540	18240	33720
2018	109790	38070	22320	16130	33270
2019	89670	34330	18440	8560	28340
2020	94930	30730	20650	13480	30070
2021	70000	30540	10960	7150	21350

3-1 续表 continued

年 份 Year	主要海洋产业增加值(亿元) Added Value of Major Marine Industries (100 million yuan)	海洋原油产量(万吨) Output of Offshore Crude Oil (10 000 tons)	海洋天然气产量(万立方米) Output of Offshore Natural Gas (10 000 cu.m)
2001	3857	2143	457212
2002	4697	2406	464689
2003	4754	2545	436930
2004	5828	2842	613416
2005	7188	3175	626921
2006	8790	3240	748618
2007	10478	3178	823455
2008	12176	3421	857847
2009	12768	3698	859173
2010	16188	4710	1108905
2011	18865	4452	1214519
2012	20830	4445	1228188
2013	22462	4541	1176455
2014	25303	4614	1308899
2015	26839	5416	1472400
2016	28392	5162	1288604
2017	31123	4886	1395462
2018	31229	4807	1538464
2019	33442	4916	1621271
2020	29641	5164	1855665
2021	34050		

3-2 管辖海域未达到第一类海水水质标准的海域面积(2021年)
Sea Area with Water Quality Not Reaching Standard of Grade Ⅰ (2021)

单位：平方公里 (sq.km)

海 区	Sea Area	合计 Total	二类水质海域面积 Sea Area with Water Quality at Grade Ⅱ	三类水质海域面积 Sea Area with Water Quality at Grade Ⅲ	四类水质海域面积 Sea Area with Water Quality at Grade Ⅳ	劣四类水质海域面积 Sea Area with Water Quality Worse than Grade Ⅳ
全 国	**National Total**	**70000**	**30540**	**10960**	**7150**	**21350**
渤 海	Bohai Sea	12850	7710	2720	820	1600
黄 海	Yellow Sea	9520	6310	1830	720	660
东 海	East China Sea	35970	11450	3490	4720	16310
南 海	South China Sea	11660	5070	2920	890	2780

资料来源：生态环境部(下表同)。
Source: Ministry of Ecology and Environment (the same as in the following table).

3-3 海区废弃物倾倒及石油勘探开发污染物排放入海情况(2021年)
Sea Area Waste Dumping and Pollutants from Petroleum Exploration Discharged into the Sea (2021)

单位：万立方米 (10 000 cu.m)

海 区	Sea Area	海洋废弃物 Marine Waste	生产污水 Sewage from Production	钻井泥浆 Drilling Mud	钻屑 Debris from Drilling	机舱污水 Sewage from Engineroom	生活污水 Oily Sewage
全 国	**National Total**	**27004**	**20982**	**10.82**	**10.30**	**0.08**	**119**
渤 海	Bohai Sea	5483		2.80	5.24		61
黄 海	Yellow Sea	955					
东 海	East China Sea	13187	165	0.15	0.41		6
南 海	South China Sea	7378	20818	7.87	4.65	0.08	52

3-4 全国主要海洋产业增加值(2021年)
Added Value of Major Marine Industries (2021)

海洋产业	Marine Industry	增加值 (亿元) Added Value (100 million yuan)	增加值比上年增长 (按可比价计算)(%) Percentage of Added Value of Increase Over Last Year (at comparable price) (%)
合　计	**Total**	**34050**	**10.0**
海洋渔业	Marine Fishery Industry	5297	4.5
海洋油气业	Offshore Oil and Natural Gas	1618	6.4
海滨矿业	Beach Placer	180	-3.4
海洋盐业	Sea Salt Industry	34	-12.2
海洋化工业	Marine Chemical	617	6.0
海洋生物医药业	Marine Biological Pharmaceutical	494	18.7
海洋电力业	Marine Electric Power Industry	329	30.5
海水利用业	Marine Seawater Utilization	24	16.4
海洋船舶工业	Marine Shipbuilding Industry	1264	7.7
海洋工程建筑业	Marine Engineering Architecture	1432	2.6
海洋交通运输业	Maritime Transportation	7466	10.3
滨海旅游业	Coastal Tourism	15297	6.4

资料来源：自然资源部(下表同)。
注：本表为初步核算数。
Source: Ministry of Natural Resources (the same as in the following table).
Note: The data of 2021 are preliminary accounting figures.

3-5 海洋资源利用情况(2020年)
Utilization of Marine Resources (2020)

地　区	Region	海洋原油 (万吨) Marine Oil (10 000 tons)	海洋天然气 (万立方米) Marine NaturalGas (10 000 cu.m)	远洋渔业 (万吨) Pelagic Fishery (10 000 tons)	海水直接利用量 (万吨) Seawater Direct Utilization (10 000 tons)	海水淡化工程规模 (万吨/日) Seawater Desalination Project Scale (10 000 tons/day)
全　国	**National Total**	**5164**	**1855665**	**231.7**	**16981400**	**165.1**
天　津	Tianjin	2886	321364	0.6	1391400	30.6
河　北	Hebei	167	44757	5.0	44300	31.6
辽　宁	Liaoning	53	2379	25.0	400600	11.5
上　海	Shanghai	54	152600	15.0	1230900	
江　苏	Jiangsu			0.9	1123300	0.5
浙　江	Zhejiang			56.8	146100	41.4
福　建	Fujian			60.8	3337400	2.7
山　东	Shandong	345	13565	38.4	2492400	37.1
广　东	Guangdong	1660	1321000	6.1	5641100	8.7
广　西	Guangxi			1.8	707900	
海　南	Hainan				466000	1.1
其　他	Others			21.1		

四、大气环境

Atmospheric Environment

4-1 全国废气排放及处理情况(2000-2021年)
Emission and Treatment of Waste Gas (2000-2021)

年 份 Year	工业废气排放总量(亿立方米) Total Volume of Industrial Waste Gas Emission (100 million cu.m)	二氧化硫排放总量(万吨) Sulphur Dioxide Emission (10 000 tons)	#工业 Industry	#生活 Domestic	氮氧化物排放总量(万吨) Nitrogen Oxides Emission (10 000 tons)	#工业 Industry	#生活 Domestic
2000	138145	1995.1	1612.5				
2001	160863	1947.2	1566.0				
2002	175257	1926.6	1562.0				
2003	198906	2158.5	1791.6				
2004	237696	2254.9	1891.4				
2005	268988	2549.4	2168.4				
2006	330990	2588.8	2234.8				
2007	388169	2468.1	2140.0				
2008	403866	2321.2	1991.4				
2009	436064	2214.4	1865.9				
2010	519168	2185.1	1864.4				
2011	674509	2217.9	2017.2	200.4	2404.3	1729.7	36.6
2012	635519	2117.6	1911.7	205.7	2337.8	1658.1	39.3
2013	669361	2043.9	1835.2	208.5	2227.4	1545.6	40.7
2014	694190	1974.4	1740.4	233.9	2078.0	1404.8	45.1
2015	685190	1859.1	1556.7	296.9	1851.0	1180.9	65.1
2016		854.9	770.5	84.0	1503.3	809.1	61.6
2017		610.8	529.9	80.5	1348.4	646.5	59.2
2018		516.1	446.7	68.7	1288.4	588.7	53.1
2019		457.3	395.4	61.3	1233.9	548.1	49.7
2020		318.2	253.2	64.8	1019.7	417.5	33.4
2021		274.8	209.7	64.9	988.4	368.9	35.9

注：1. 2011年原环境保护部对统计制度中的指标体系、调查方法及相关技术规定等进行了修订，统计范围扩展为工业源、农业源、城镇生活源、机动车、集中式污染治理设施5个部分。

2. 以第二次全国污染源普查成果为基准，生态环境部依法组织对2016-2019年污染源统计初步数据进行了更新，2016年之后数据与以前年份不可比。统计调查对象为全国排放污染物的工业源、农业源、生活源、集中式污染治理设施、机动车。其中，生活源包括第三产业以及城镇居民生活源；生活源废气污染物排放还包括农村生活源；烟(粉)尘指标改为颗粒物。

3. 2020年生态环境部对排放源统计调查的部分调查范围、指标及方式方法进行了修订。工业源大气污染物非重点调查单位排放量统计调整至生活及其他大气污染物排放量统计中，大气污染生活源相应改为生活及其他。

Note: a)In 2011, indicators of statistical system, method of survey, and related technologies were revised by the former Ministry of Environmental Protection, statistical scope expands to 5 parts: industry source, agriculture source, urban domestic source, vehicle and centralized pollution control facilities.

b)Reference to the benchmarks of the Second National Pollution Sources Census, the Ministry of Ecology and Environment has adjusted and updated relevant data of pollution sources in 2016-2019, which are not comparable to the data of previous years. The statistical scope inclues industry source, agriculture source, domestic source, vehicle and centralized pollution control facilities. The domestic source includes tertiary industry and urban domestic source. In addition, the domestic source of waste gas also includes rural domestic source. Soot(Dust) Emission is renamed as Particulate Matter Emission.

c)In 2020, the scope, indicators and method of the survey of emission sources were revised by the Ministry of Ecology and Environment. The industrial waste gas emission of non-key survey unit was included in the domestic and other emission, which is used to be called domestic emission.

4-1 续表 continued

年 份 Year	颗粒物排放总量（万吨） Particulate Matter Emission (10 000 tons)	#工业 Industry	#生活 Domestic	工业废气治理设施（套） Industrial Watste Gas Treatment Facilities (set)	本年运行费用（亿元） Annual Expenditure for Operation (100 million yuan)
2000				145534	93.7
2001				134025	111.1
2002				137668	147.1
2003				137204	150.6
2004				144973	213.8
2005				145043	267.1
2006				154557	464.4
2007				162325	555.0
2008				174164	773.4
2009				176489	873.7
2010				187401	1054.5
2011	1278.8	1100.9	114.8	216457	1579.5
2012	1235.8	1029.3	142.7	225913	1452.3
2013	1278.1	1094.6	123.9	234316	1497.8
2014	1740.8	1456.1	227.1	261367	1731.0
2015	1538.0	1232.6	249.7	290886	1866.0
2016	1608.0	1376.2	219.2	158682	2388.7
2017	1284.9	1067.0	206.1	229618	1967.9
2018	1132.3	948.9	173.1	246558	2172.8
2019	1088.5	925.9	154.9	315586	2339.7
2020	611.4	400.9	201.6	372962	2560.4
2021	537.4	325.3	205.2	369326	2222.0

4-2 各地区废气排放情况(2021年)
Emission of Waste Gas by Region (2021)

单位：吨 (ton)

地 区	Region	二氧化硫排放总量 Total Volume of Sulphur Dioxide Emission	工业 Industry	生活及其他 Domestic and Other	集中式污染治理设施 Centralized Pollution Control Facilities
全 国	**National Total**	**2747810**	**2096584**	**648616**	**2610**
北 京	Beijing	1422	1004	415	3
天 津	Tianjin	8510	8138	345	27
河 北	Hebei	170654	127399	43067	187
山 西	Shanxi	146959	103813	43096	50
内蒙古	Inner Mongolia	224779	157044	67665	71
辽 宁	Liaoning	163342	102056	61090	196
吉 林	Jilin	62286	43654	18576	56
黑龙江	Heilongjiang	110319	57784	52506	30
上 海	Shanghai	5766	5535	220	10
江 苏	Jiangsu	88576	84088	4122	366
浙 江	Zhejiang	43325	42229	906	190
安 徽	Anhui	85504	81701	3711	92
福 建	Fujian	65064	56626	8215	223
江 西	Jiangxi	87511	71379	16047	85
山 东	Shandong	165340	125102	40168	70
河 南	Henan	59958	53615	6325	18
湖 北	Hubei	92111	51660	40419	31
湖 南	Hunan	84857	50480	34222	154
广 东	Guangdong	97894	82106	15479	309
广 西	Guangxi	74316	69324	4863	129
海 南	Hainan	4266	4262	0	4
重 庆	Chongqing	50615	41733	8856	25
四 川	Sichuan	135792	105531	30208	53
贵 州	Guizhou	143085	110766	32212	107
云 南	Yunnan	173147	117115	55996	35
西 藏	Tibet	2240	1146	1094	0
陕 西	Shaanxi	81120	55788	25279	53
甘 肃	Gansu	84673	66481	18188	3
青 海	Qinghai	40805	39335	1467	3
宁 夏	Ningxia	60292	59634	657	1
新 疆	Xinjiang	133283	120054	13200	29

资料来源：生态环境部(以下各表同)。
Source:Ministry of Ecology and Environment (the same as in the following tables).

4-2 续表 1 continued 1

单位：吨 (ton)

地 区	Region	氮氧化物排放总量 Nitrogen Oxides Emission	工业 Industry	生活及其他 Domestic and Other	机动车 Motor Vehicle	集中式污染治理设施 Centralized Pollution Control Facilities
全 国	**National Total**	**9883783**	**3688711**	**358851**	**5820971**	**15249**
北 京	Beijing	82050	9590	8333	64118	8
天 津	Tianjin	107247	24821	3697	78622	107
河 北	Hebei	822429	257299	38065	526026	1039
山 西	Shanxi	428267	173682	16192	238124	268
内蒙古	Inner Mongolia	433482	252199	39962	141015	305
辽 宁	Liaoning	544806	208080	20913	314747	1066
吉 林	Jilin	222572	85402	9416	127385	369
黑龙江	Heilongjiang	278453	96727	30191	151431	105
上 海	Shanghai	135700	21481	4765	109056	398
江 苏	Jiangsu	528873	172773	8357	345389	2355
浙 江	Zhejiang	380521	113811	2739	263240	730
安 徽	Anhui	445837	139269	12264	293918	386
福 建	Fujian	245092	139900	2730	101679	783
江 西	Jiangxi	324175	142163	5405	176419	189
山 东	Shandong	816836	244099	19073	553307	357
河 南	Henan	498122	98370	6602	393097	53
湖 北	Hubei	357604	110918	13107	233388	191
湖 南	Hunan	261840	94086	12230	154253	1270
广 东	Guangdong	629566	216301	10712	400410	2143
广 西	Guangxi	301218	137822	1980	160628	788
海 南	Hainan	38315	18275	714	19317	9
重 庆	Chongqing	157557	70029	6530	80952	46
四 川	Sichuan	349729	145956	21365	182178	230
贵 州	Guizhou	223659	117519	4711	100640	789
云 南	Yunnan	320112	140415	11720	167829	148
西 藏	Tibet	44272	4015	241	40016	0
陕 西	Shaanxi	249732	108646	14990	125293	804
甘 肃	Gansu	184550	79838	10534	94156	21
青 海	Qinghai	65725	25683	5282	34745	15
宁 夏	Ningxia	122915	84050	1806	37046	13
新 疆	Xinjiang	282529	155493	14224	112548	265

4-2 续表 2 continued 2

单位：吨 (ton)

地 区	Region	颗粒物排放总量 Particulate Matter Emission	工业 Industry	生活及其他 Domestic and Other	机动车 Motor Vehicle	集中式污染治理设施 Centralized Pollution Control Facilities
全 国	**National Total**	**5373754**	**3252712**	**2051754**	**68278**	**1011**
北 京	Beijing	5418	2180	2800	437	1
天 津	Tianjin	12840	8189	3743	897	11
河 北	Hebei	349819	128098	216622	4936	163
山 西	Shanxi	295873	185331	108132	2403	6
内蒙古	Inner Mongolia	961159	620790	338569	1782	18
辽 宁	Liaoning	273085	115373	153098	4570	44
吉 林	Jilin	169458	92711	74416	2319	13
黑龙江	Heilongjiang	350816	85149	262646	3015	6
上 海	Shanghai	9780	7557	1301	913	9
江 苏	Jiangsu	126490	105601	17076	3697	116
浙 江	Zhejiang	71620	65738	2811	3015	56
安 徽	Anhui	117327	76227	37819	3224	57
福 建	Fujian	93097	75289	16514	1213	81
江 西	Jiangxi	109686	75178	32263	2190	55
山 东	Shandong	216931	102853	107774	6276	28
河 南	Henan	72655	55802	11985	4862	6
湖 北	Hubei	134713	50343	81221	3109	40
湖 南	Hunan	150174	62276	85811	2064	23
广 东	Guangdong	134655	85209	44754	4603	89
广 西	Guangxi	87850	76058	9809	1919	64
海 南	Hainan	9312	8869	66	376	2
重 庆	Chongqing	58037	46178	10910	941	8
四 川	Sichuan	192115	142165	47952	1976	22
贵 州	Guizhou	115912	78751	35862	1279	20
云 南	Yunnan	248150	152912	93459	1763	15
西 藏	Tibet	8335	6068	1689	579	0
陕 西	Shaanxi	231501	157591	72864	1015	32
甘 肃	Gansu	131226	57013	72981	1230	1
青 海	Qinghai	56700	41476	14990	230	4
宁 夏	Ningxia	65312	61590	3412	309	0
新 疆	Xinjiang	513705	424145	88404	1135	20

4-3 各行业工业废气排放情况(2021年)
Emission of Industrial Waste Gas by Sector (2021)

单位：吨 (ton)

行　　业	Sector	工业二氧化硫排放量 Industrial Sulphur Dioxide Emission	工业氮氧化物排放量 Industrial Nitrogen Oxides Emission	工业颗粒物排放量 Industrial Particulate Matter Emission
行业总计	**Total**	**2096584**	**3688711**	**3252712**
农、林、牧、渔专业及辅助性活动	Professional and Support Activities for Agriculture, Forestry, Animal Husbandry and Fishery	1924	961	517
煤炭开采和洗选业	Mining and Washing of Coal	7456	10780	894699
石油和天然气开采业	Extraction of Petroleum and Natural Gas	7764	14309	1338
黑色金属矿采选业	Mining and Processing of Ferrous Metal Ores	1318	1543	73443
有色金属矿采选业	Mining and Processing of Non-ferrous Metal Ores	930	730	269597
非金属矿采选业	Mining and Processing of Non-metal Ores	2639	2804	35347
开采专业及辅助性活动	Professional and Support Activities for Mining	134	100	122
其他采矿业	Mining of Other Ores	384	42	228
农副食品加工业	Processing of Food from Agricultural Products	16168	23299	13952
食品制造业	Manufacture of Foods	10387	16356	4128
酒、饮料和精制茶制造业	Manufacture of Liquor, Beverages and Refined Tea	6594	7599	2305
烟草制品业	Manufacture of Tobacco	207	539	1656
纺织业	Manufacture of Textile	10208	13046	4662
纺织服装、服饰业	Manufacture of Textile, Wearing Apparel and Accessories	6668	533	225
皮革、毛皮、羽毛及其制品和制鞋业	Manufacture of Leather, Fur, Feather and Related Products and Footware	294	550	2722
木材加工和木、竹、藤、棕、草制品业	Processing of Timber, Manufacture of Wood, Bamboo, Rattan, Palm and Straw Products	6256	6490	17628
家具制造业	Manufacture of Furniture	177	271	4142
造纸及纸制品业	Manufacture of Paper and Paper Products	17662	39552	7016
印刷和记录媒介复制业	Printing and Reproduction of Recording Media	141	524	67
文教、工美、体育和娱乐用品制造业	Manufacture of Articles for Culture, Education, Arts and Crafts, Sport and Entertainment Activities	167	204	414
石油、煤炭及其他燃料加工业	Processing of Petroleum, Coal and Other Fuels	64059	182017	167282

4-3 续表 continued

单位：吨 (ton)

行　业	Sector	工业二氧化硫排放量 Industrial Sulphur Dioxide Emission	工业氮氧化物排放量 Industrial Nitrogen Oxides Emission	工业颗粒物排放量 Industrial Particulate Matter Emission
化学原料和化学制品制造业	Manufacture of Raw Chemical Materials and Chemical Products	131072	172694	122312
医药制造业	Manufacture of Medicines	3808	7182	1870
化学纤维制造业	Manufacture of Chemical Fibers	5363	8027	2958
橡胶和塑料制品业	Manufacture of Rubber and Plastics Products	4842	6103	7354
非金属矿物制品业	Manufacture of Non-metallic Mineral Products	400453	1007628	757872
黑色金属冶炼和压延加工业	Smelting and Pressing of Ferrous Metals	452274	802142	466621
有色金属冶炼和压延加工业	Smelting and Pressing of Non-ferrous Metals	287108	111127	76892
金属制品业	Manufacture of Metal Products	2023	8620	25073
通用设备制造业	Manufacture of General Purpose Machinery	276	3584	5672
专用设备制造业	Manufacture of Special Purpose Machinery	152	1484	4857
汽车制造业	Manufacture of Automobiles	427	4346	7753
铁路、船舶、航空航天和其他运输设备制造业	Manufacture of Railway, Ship, Aerospace and Other Transport Equipments	219	1547	5093
电气机械和器材制造业	Manufacture of Electrical Machinery and Apparatus	286	4430	1065
计算机、通信和其他电子设备制造业	Manufacture of Computers, Communication and Other Electronic Equipment	482	2601	1609
仪器仪表制造业	Manufacture of Measuring Instruments and Machinery	5	16	16
其他制造业	Other Manufacture	316	524	10814
废弃资源综合利用业	Utilization of Waste Resources	3301	2356	8248
金属制品、机械和设备修理业	Repair Service of Metal Products, Machinery and Equipment	99	88	230
电力、热力生产和供应业	Production and Supply of Electric Power and Heat Power	641815	1220080	241897
燃气生产和供应业	Production and Supply of Gas	722	1875	3011
水的生产和供应业	Production and Supply of Water	2	10	4

4-4 各地区工业废气处理情况(2021年)
Treatment of Industrial Waste Gas by Region (2021)

地 区	Region	工业废气治理设施数(套) Number of Industrial Waste Gas Treatment Facilities (set)	工业废气治理设施处理能力(万立方米/时) Capacity of Industrial Waste Gas Treatment Facilities (10 000 cu.m/hour)	工业废气治理设施运行费用(万元) Annual Expenditure of Industrial Waste Gas Treatment Facilities (10 000 yuan)
全 国	**National Total**	**369326**	**3699415**	**22219682**
北 京	Beijing	3483	13199	75322
天 津	Tianjin	7626	49387	387872
河 北	Hebei	34359	308662	2425939
山 西	Shanxi	13680	174373	1052514
内蒙古	Inner Mongolia	8700	230701	910046
辽 宁	Liaoning	12497	295648	882929
吉 林	Jilin	3296	44947	197911
黑龙江	Heilongjiang	4280	70068	213877
上 海	Shanghai	11022	50223	543533
江 苏	Jiangsu	27284	298250	2145395
浙 江	Zhejiang	31791	178809	1302617
安 徽	Anhui	17269	138431	1005350
福 建	Fujian	11168	98912	483692
江 西	Jiangxi	12824	82205	606399
山 东	Shandong	42727	425102	2807313
河 南	Henan	15768	152888	960663
湖 北	Hubei	10223	99699	689151
湖 南	Hunan	7085	55593	404002
广 东	Guangdong	40721	233078	1430886
广 西	Guangxi	4547	76218	380618
海 南	Hainan	742	10213	101515
重 庆	Chongqing	5255	39155	277247
四 川	Sichuan	15951	99881	610272
贵 州	Guizhou	1885	54064	337909
云 南	Yunnan	6375	74757	384751
西 藏	Tibet	261	1836	8188
陕 西	Shaanxi	5794	77630	403945
甘 肃	Gansu	4099	50932	342662
青 海	Qinghai	1264	19375	80994
宁 夏	Ningxia	2726	49622	348008
新 疆	Xinjiang	4624	145556	418164

4-5 各行业工业废气处理情况(2021年)
Treatment of Industrial Waste Gas by Sector (2021)

行　业	Sector	工业废气治理设施数(套) Number of Industrial Waste Gas Treatment Facilities (set)	工业废气治理设施处理能力(万立方米/时) Capacity of Industrial Waste Gas Treatment Facilities (10 000 cu.m/hour)	工业废气治理设施本年运行费用(万元) Annual Expenditure of Industrial Waste Gas Treatment Facilities (10 000 yuan)
行业总计	**Total**	**369326**	**3699415**	**22219682**
农、林、牧、渔专业及辅助性活动	Professional and Support Activities for Agriculture, Forestry, Animal Husbandry and Fishery	498	820	4368
煤炭开采和洗选业	Mining and Washing of Coal	3123	7163	69332
石油和天然气开采业	Extraction of Petroleum and Natural Gas	180	759	12657
黑色金属矿采选业	Mining and Processing of Ferrous Metal Ores	1094	152564	26367
有色金属矿采选业	Mining and Processing of Non-ferrous Metal Ores	1270	3805	20613
非金属矿采选业	Mining and Processing of Non-metal Ores	1685	5442	32725
开采专业及辅助性活动	Professional and Support Activities for Mining	35	47	312
其他采矿业	Mining of Other Ores	17	20	314
农副食品加工业	Processing of Food from Agricultural Products	8818	28381	122209
食品制造业	Manufacture of Foods	3739	13740	90182
酒、饮料和精制茶制造业	Manufacture of Liquor, Beverages and Refined Tea	2184	6469	30072
烟草制品业	Manufacture of Tobacco	537	5461	9002
纺织业	Manufacture of Textile	9486	32877	229745
纺织服装、服饰业	Manufacture of Textile, Wearing Apparel and Accessories	488	657	4357
皮革、毛皮、羽毛及其制品和制鞋业	Manufacture of Leather, Fur, Feather and Related Products and Footware	4610	7956	33834
木材加工和木、竹、藤、棕、草制品业	Processing of Timber, Manufacture of Wood, Bamboo, Rattan, Palm and Straw Products	6689	19877	69520
家具制造业	Manufacture of Furniture	13019	34355	85455
造纸及纸制品业	Manufacture of Paper and Paper Products	4063	28514	245300
印刷和记录媒介复制业	Printing and Reproduction of Recording Media	5331	11905	96253
文教、工美、体育和娱乐用品制造业	Manufacture of Articles for Culture, Education, Arts and Crafts, Sport and Entertainment Activities	3144	7233	25113
石油、煤炭及其他燃料加工业	Processing of Petroleum, Coal and Other Fuels	5033	88514	1454096

4-5 续表 continued

行　业	Sector	工业废气治理设施数（套）Number of Industrial Waste Gas Treatment Facilities (set)	工业废气治理设施处理能力（万立方米/时）Capacity of Industrial Waste Gas Treatment Facilities (10 000 cu.m/hour)	工业废气治理设施本年运行费用（万元）Annual Expenditure of Industrial Waste Gas Treatment Facilities (10 000 yuan)
化学原料和化学制品制造业	Manufacture of Raw Chemical Materials and Chemical Products	34377	169773	1503128
医药制造业	Manufacture of Medicines	8743	27960	206963
化学纤维制造业	Manufacture of Chemical Fibers	2027	11294	104818
橡胶和塑料制品业	Manufacture of Rubber and Plastics Products	21570	64842	307608
非金属矿物制品业	Manufacture of Non-metallic Mineral Products	75910	572434	2006397
黑色金属冶炼和压延加工业	Smelting and Pressing of Ferrous Metals	14834	583915	5707556
有色金属冶炼和压延加工业	Smelting and Pressing of Non-ferrous Metals	9333	150446	994224
金属制品业	Manufacture of Metal Products	37471	90926	371784
通用设备制造业	Manufacture of General Purpose Machinery	9744	24225	99888
专用设备制造业	Manufacture of Special Purpose Machinery	6179	22794	75283
汽车制造业	Manufacture of Automobiles	14859	60005	279112
铁路、船舶、航空航天和其他运输设备制造业	Manufacture of Railway, Ship, Aerospace and Other Transport Equipments	4504	26856	82806
电气机械和器材制造业	Manufacture of Electrical Machinery and Apparatus	10319	27200	157934
计算机、通信和其他电子设备制造业	Manufacture of Computers, Communication and Other Electronic Equipment	15267	64708	358877
仪器仪表制造业	Manufacture of Measuring Instruments and Machinery	551	1023	5190
其他制造业	Other Manufactures	1355	28150	12604
废弃资源综合利用业	Utilization of Waste Resources	3432	9487	73842
金属制品、机械和设备修理业	Repair Service of Metal Products, Machinery and Equipment	732	2537	6555
电力、热力生产和供应业	Production and Supply of Electric Power and Heat Power	22956	1300380	7192550
燃气生产和供应业	Production and Supply of Gas	109	3894	10448
水的生产和供应业	Production and Supply of Water	11	8	290

4-6 主要城市废气排放情况(2021年)
Emission of Waste Gas in Major Cities (2021)

单位: 吨 (ton)

城市	City	工业二氧化硫排放量 Industrial Sulphur Dioxide Emission	工业氮氧化物排放量 Industrial Nitrogen Oxides Emission	工业颗粒物排放量 Industrial Particulate Matter Emission	生活及其他二氧化硫排放量 Domestic and Other Sulphur Dioxide Emission	生活及其他氮氧化物排放量 Domestic and Other Nitrogen Oxides Emission	生活及其他颗粒物排放量 Domestic and Other Particulate Matter Emission
北京	Beijing	1004	9590	2180	415	8333	2800
天津	Tianjin	8138	24821	8189	345	3697	3743
石家庄	Shijiazhuang	7826	18189	10013	3166	4101	16042
太原	Taiyuan	8360	19351	15986	263	1264	766
呼和浩特	Hohhot	10233	17520	6144	1082	931	5441
沈阳	Shenyang	8643	16805	3584	2680	1611	6780
长春	Changchun	14452	21838	7821	9316	5081	37353
哈尔滨	Harbin	7172	17177	6136	26339	14837	131729
上海	Shanghai	5535	21481	7557	220	4765	1301
南京	Nanjing	11136	22054	19876	1	1798	165
杭州	Hangzhou	3195	13956	10768	80	387	262
合肥	Hefei	4553	9899	4594	599	1679	6081
福州	Fuzhou	12635	28970	18922	715	700	1480
南昌	Nanchang	4932	8184	2823	215	517	473
济南	Jinan	9458	22763	11047	4141	2390	11148
郑州	Zhengzhou	5067	10691	6628	100	1700	334
武汉	Wuhan	8725	21541	6080	9701	4134	19583
长沙	Changsha	1043	3341	2303	1387	944	3519
广州	Guangzhou	1822	12206	4736	839	1645	2521
南宁	Nanning	2761	11700	6649	1114	610	2261
海口	Haikou	266	188	32	0	310	28
重庆	Chongqing	41733	70029	46178	8856	6530	10910
成都	Chengdu	3374	11201	5504	2027	5072	3549
贵阳	Guiyang	11123	8436	4963	2391	374	2665
昆明	Kunming	19075	23666	22991	5936	2201	9995
拉萨	Lhasa	398	1579	1730	124	76	195
西安	Xi'an	1154	2595	802	3726	5554	11043
兰州	Lanzhou	12922	15039	5245	2165	2072	8762
西宁	Xining	26792	11793	8629	230	1162	2381
银川	Yinchuan	7830	14366	4476	20	934	185
乌鲁木齐	Urumqi	6779	14855	15441	287	2039	2077

五、固体废物

Solid Wastes

5-1 全国工业固体废物产生、排放和综合利用情况(2000-2021年)
Generation, Discharge and Utilization of Industrial Solid Wastes(2000-2021)

年 份 Year	工业固体废物产生量(万吨) Industrial Solid Wastes Generated (10 000 tons)	工业固体废物倾倒丢弃量(万吨) Industrial Solid Wastes Discharged (10 000 tons)	工业固体废物综合利用量(万吨) Industrial Solid Wastes Utilized (10 000 tons)	工业固体废物贮存量(万吨) Stock of Industrial Solid Wastes (10 000 tons)	工业固体废物处置量(万吨) Industrial Solid Wastes Disposed (10 000 tons)	工业固体废物综合利用率(%) Ratio of Industrial Solid Wastes Utilized (%)
2000	81608	3186.2	37451	28921	9152	45.9
2001	88840	2893.8	47290	30183	14491	52.1
2002	94509	2635.2	50061	30040	16618	51.9
2003	100428	1940.9	56040	27667	17751	54.8
2004	120030	1762.0	67796	26012	26635	55.7
2005	134449	1654.7	76993	27876	31259	56.1
2006	151541	1302.1	92601	22399	42883	60.2
2007	175632	1196.7	110311	24119	41350	62.1
2008	190127	781.8	123482	21883	48291	64.3
2009	203943	710.5	138186	20929	47488	67.0
2010	240944	498.2	161772	23918	57264	66.7
2011	326204	433.3	196988	61248	71382	59.8
2012	332509	144.2	204467	60633	71443	60.9
2013	330859	129.3	207616	43445	83671	62.2
2014	329254	59.4	206392	45724	81317	62.1
2015	331055	55.8	200857	59175	74208	60.2
2016	371237		210995		85232	
2017	386707		206117		94314	
2018	407799		216860		103283	
2019	440810		232079		110359	
2020	367546		203798		91749	
2021	397006	25.5	226659	89412	88876	56.4

注：1.2011年原环境保护部对统计制度中的指标体系、调查方法及相关技术规定等进行了修订，故不能与2010年直接比较。
2.以第二次全国污染源普查成果为基准，生态环境部依法组织对2016-2019年污染源统计初步数据进行了更新，2016年之后数据与以前年份不可比。统计调查对象为全国排放污染物的工业源、农业源、生活源、集中式污染治理设施、机动车。危险废物综合利用量和处置量指标合并为危险废物综合利用处置量。
3.本表各指标2016年及以后数据均为一般工业固体废物相关数据。

Note: a)In 2011, indicators of statistical system, method of survey, and related technologies were revised by the former Ministry of Environmental Protection, so it can not be directly compared with data of 2010.
b)Reference to the benchmarks of the Second National Pollution Sources Census, the Ministry of Ecology and Environment has adjusted and updated relevant data of pollution sources in 2016-2019, which are not comparable to the data of previous years. The statistical scope inclues industry source, agriculture source, domestic source, vehicle and centralized pollution control facilities. Hazardous wastes utilized and hazardous waste disposed was consolidated into Hazardous wastes utilized and disposed.
c)The data in the table refer to the data of common industrial solid wastes since 2016.

5-2 各地区工业固体废物产生和利用情况(2021年)
Generation and Utilization of Industrial Solid Wastes by Region (2021)

单位：万吨 (10 000 tons)

地 区	Region	一般工业固体废物产生量 Common Industrial Solid Wastes Generated	一般工业固体废物综合利用量 Common Industrial Solid Wastes Utilized	一般工业固体废物处置量 Common Industrial Solid Wastes Disposed	危险废物产生量 Hazardous Wastes Generated	危险废物利用处置量 Hazardous Wastes Utilized and Disposed
全 国	**National Total**	**397006**	**226659**	**88876**	**8653.6**	**8461.2**
北 京	Beijing	194	114	80	26.2	26.3
天 津	Tianjin	1927	1921	5	71.6	71.7
河 北	Hebei	40899	22320	6365	480.9	479.6
山 西	Shanxi	45901	18585	21664	377.5	376.0
内蒙古	Inner Mongolia	41211	13814	16118	609.5	607.6
辽 宁	Liaoning	24610	13139	7539	212.6	203.4
吉 林	Jilin	5022	2639	1540	245.4	245.4
黑龙江	Heilongjiang	8316	3609	1388	118.1	115.5
上 海	Shanghai	2073	1947	126	140.2	140.1
江 苏	Jiangsu	13051	12350	699	573.5	574.6
浙 江	Zhejiang	5315	5336	22	505.5	507.0
安 徽	Anhui	14508	13594	813	237.3	233.5
福 建	Fujian	6665	5588	784	173.3	172.3
江 西	Jiangxi	11533	5586	657	187.1	184.7
山 东	Shandong	25233	20027	1625	967.1	1008.2
河 南	Henan	16647	13061	1376	271.9	282.7
湖 北	Hubei	10217	6843	2013	144.6	142.3
湖 南	Hunan	4846	3748	526	208.3	212.1
广 东	Guangdong	7905	6652	938	504.2	504.5
广 西	Guangxi	9386	4296	1367	378.4	407.1
海 南	Hainan	658	441	217	18.5	19.3
重 庆	Chongqing	2267	1884	271	97.2	98.2
四 川	Sichuan	14435	6151	2351	482.7	497.6
贵 州	Guizhou	10911	7828	1624	73.5	74.4
云 南	Yunnan	17845	9196	4861	304.4	302.4
西 藏	Tibet	1930	172	15	0.1	0.1
陕 西	Shaanxi	13050	6463	5010	214.3	225.9
甘 肃	Gansu	6262	2990	1986	197.0	178.1
青 海	Qinghai	15753	8379	173	344.0	120.1
宁 夏	Ningxia	7857	3555	4243	112.2	115.5
新 疆	Xinjiang	10581	4430	2481	376.3	334.7

资料来源：生态环境部(以下各表同)。
Source:Ministry of Ecology and Environment (the same as in the following tables).

5-3 各行业工业固体废物产生和利用情况(2021年)
Generation and Utilization of Industrial Solid Wastes by Sector (2021)

单位：万吨 (10 000 tons)

行业	Sector	一般工业固体废物产生量 Common Industrial Solid Wastes Generated	一般工业固体废物综合利用量 Common Industrial Solid Wastes Utilized	一般工业固体废物处置量 Common Industrial Solid Wastes Disposed
行业总计	**Total**	**397005.7**	**226659.5**	**88875.9**
农、林、牧、渔专业及辅助性活动	Professional and Support Activities for Agriculture, Forestry, Animal Husbandry and Fishery	53.7	47.8	4.4
煤炭开采和洗选业	Mining and Washing of Coal	50794.5	30048.5	18813.5
石油和天然气开采业	Extraction of Petroleum and Natural Gas	255.2	120.2	132.2
黑色金属矿采选业	Mining and Processing of Ferrous Metal Ores	59086.8	20296.8	14538.3
有色金属矿采选业	Mining and Processing of Non-ferrous Metal Ores	51490.9	13533.6	12717.8
非金属矿采选业	Mining and Processing of Non-metal Ores	5273.2	3324.0	774.5
开采专业及辅助性活动	Professional and Support Activities for Mining	547.7	245.6	311.5
其他采矿业	Mining of Other Ores	14.6	6.5	1.6
农副食品加工业	Processing of Food from Agricultural Products	1661.9	1411.2	245.5
食品制造业	Manufacture of Foods	1080.8	803.2	268.3
酒、饮料和精制茶制造业	Manufacture of Liquor, Beverages and Refined Tea	1131.3	974.0	155.4
烟草制品业	Manufacture of Tobacco	29.3	20.6	8.4
纺织业	Manufacture of Textile	543.5	435.6	107.3
纺织服装、服饰业	Manufacture of Textile, Wearing Apparel and Accessories	10.0	5.8	4.1
皮革、毛皮、羽毛及其制品和制鞋业	Manufacture of Leather, Fur, Feather and Related Products and Footware	69.4	30.8	42.4
木材加工和木、竹、藤、棕、草制品业	Processing of Timber, Manufacture of Wood, Bamboo, Rattan, Palm and Straw Products	191.6	168.4	23.6
家具制造业	Manufacture of Furniture	65.7	49.0	16.9
造纸及纸制品业	Manufacture of Paper and Paper Products	2388.7	1712.4	697.9
印刷和记录媒介复制业	Printing and Reproduction of Recording Media	89.2	64.1	25.4
文教、工美、体育和娱乐用品制造业	Manufacture of Articles for Culture, Education, Arts and Crafts, Sport and Entertainment Activities	12.0	9.1	2.8
石油、煤炭及其他燃料加工业	Processing of Petroleum, Coal and Other Fuels	6452.7	2174.8	4100.7

5-3 续表 1 continued 1

单位：万吨 (10 000 tons)

行 业	Sector	一般工业固体废物产生量 Common Industrial Solid Wastes Generated	一般工业固体废物综合利用量 Common Industrial Solid Wastes Utilized	一般工业固体废物处置量 Common Industrial Solid Wastes Disposed
化学原料和化学制品制造业	Manufacture of Raw Chemical Materials and Chemical Products	39463.1	22201.8	7459.8
医药制造业	Manufacture of Medicines	356.3	201.5	117.3
化学纤维制造业	Manufacture of Chemical Fibers	472.8	413.9	55.4
橡胶和塑料制品业	Manufacture of Rubber and Plastics Products	174.0	136.5	35.3
非金属矿物制品业	Manufacture of Non-metallic Mineral Products	5819.8	5244.5	604.3
黑色金属冶炼和压延加工业	Smelting and Pressing of Ferrous Metals	57248.1	48740.6	6417.1
有色金属冶炼和压延加工业	Smelting and Pressing of Non-ferrous Metals	20107.1	5672.5	4495.2
金属制品业	Manufacture of Metal Products	969.9	686.1	283.0
通用设备制造业	Manufacture of General Purpose Machinery	350.9	288.6	62.9
专用设备制造业	Manufacture of Special Purpose Machinery	202.3	130.0	81.0
汽车制造业	Manufacture of Automobiles	730.6	611.3	119.5
铁路、船舶、航空航天和其他运输设备制造业	Manufacture of Railway, Ship, Aerospace and Other Transport Equipments	161.4	120.7	40.9
电气机械和器材制造业	Manufacture of Electrical Machinery and Apparatus	292.5	189.9	99.4
计算机、通信和其他电子设备制造业	Manufacture of Computers, Communication and Other Electronic Equipment	394.7	284.1	111.8
仪器仪表制造业	Manufacture of Measuring Instruments and Machinery	1.9	0.7	1.2
其他制造业	Other Manufacture	12.9	8.6	4.2
废弃资源综合利用业	Utilization of Waste Resources	1795.5	1445.3	347.0
金属制品、机械和设备修理业	Repair Service of Metal Products, Machinery and Equipment	57.7	55.2	3.8
电力、热力生产和供应业	Production and Supply of Electric Power and Heat Power	86874.9	64624.7	15490.3
燃气生产和供应业	Production and Supply of Gas	145.4	32.3	11.2
水的生产和供应业	Production and Supply of Water	131.4	88.8	42.8

5-3 续表 2 continued 2

单位：万吨 (10 000 tons)

行　业	Sector	危险废物产生量 Hazardous Wastes Generated	危险废物利用处置量 Hazardous Wastes Utilized and Disposed
行业总计	**Total**	**8653.6**	**8461.2**
农、林、牧、渔专业及辅助性活动	Professional and Support Activities for Agriculture, Forestry, Animal Husbandry and Fishery	1.7	1.7
煤炭开采和洗选业	Mining and Washing of Coal	2.2	2.3
石油和天然气开采业	Extraction of Petroleum and Natural Gas	267.7	305.0
黑色金属矿采选业	Mining and Processing of Ferrous Metal Ores	0.5	0.5
有色金属矿采选业	Mining and Processing of Non-ferrous Metal Ores	573.3	440.5
非金属矿采选业	Mining and Processing of Non-metal Ores	201.3	58.5
开采专业及辅助性活动	Professional and Support Activities for Mining	8.0	4.1
其他采矿业	Mining of Other Ores	0.0	0.0
农副食品加工业	Processing of Food from Agricultural Products	0.9	0.8
食品制造业	Manufacture of Foods	3.7	4.0
酒、饮料和精制茶制造业	Manufacture of Liquor, Beverages and Refined Tea	0.7	0.7
烟草制品业	Manufacture of Tobacco	0.2	0.2
纺织业	Manufacture of Textile	10.4	10.4
纺织服装、服饰业	Manufacture of Textile, Wearing Apparel and Accessories	0.3	0.2
皮革、毛皮、羽毛及其制品和制鞋业	Manufacture of Leather, Fur, Feather and Related Products and Footware	14.6	14.7
木材加工和木、竹、藤、棕、草制品业	Processing of Timber, Manufacture of Wood, Bamboo, Rattan, Palm and Straw Products	0.7	0.7
家具制造业	Manufacture of Furniture	4.2	4.2
造纸及纸制品业	Manufacture of Paper and Paper Products	4.4	4.4
印刷和记录媒介复制业	Printing and Reproduction of Recording Media	4.2	4.3
文教、工美、体育和娱乐用品制造业	Manufacture of Articles for Culture, Education, Arts and Crafts, Sport and Entertainment Activities	2.4	2.4
石油、煤炭及其他燃料加工业	Processing of Petroleum, Coal and Other Fuels	1123.2	1120.1

5-3 续表 3 continued 3

单位：万吨 (10 000 tons)

行　业	Sector	危险废物产生量 Hazardous Wastes Generated	危险废物利用处置量 Hazardous Wastes Utilized and Disposed
化学原料和化学制品制造业	Manufacture of Raw Chemical Materials and Chemical Products	1709.0	1728.5
医药制造业	Manufacture of Medicines	245.2	246.4
化学纤维制造业	Manufacture of Chemical Fibers	5.9	6.0
橡胶和塑料制品业	Manufacture of Rubber and Plastics Products	31.8	32.2
非金属矿物制品业	Manufacture of Non-metallic Mineral Products	80.0	85.6
黑色金属冶炼和压延加工业	Smelting and Pressing of Ferrous Metals	953.6	958.2
有色金属冶炼和压延加工业	Smelting and Pressing of Non-ferrous Metals	1377.2	1392.8
金属制品业	Manufacture of Metal Products	386.6	386.9
通用设备制造业	Manufacture of General Purpose Machinery	39.1	39.4
专用设备制造业	Manufacture of Special Purpose Machinery	13.1	12.4
汽车制造业	Manufacture of Automobiles	77.2	76.6
铁路、船舶、航空航天和其他运输设备制造业	Manufacture of Railway, Ship, Aerospace and Other Transport Equipments	19.1	19.2
电气机械和器材制造业	Manufacture of Electrical Machinery and Apparatus	69.3	69.8
计算机、通信和其他电子设备制造业	Manufacture of Computers, Communication and Other Electronic Equipment	450.7	451.6
仪器仪表制造业	Manufacture of Measuring Instruments and Machinery	0.7	0.7
其他制造业	Other Manufacture	3.8	3.8
废弃资源综合利用业	Utilization of Waste Resources	109.3	107.1
金属制品、机械和设备修理业	Repair Service of Metal Products, Machinery and Equipment	17.3	17.2
电力、热力生产和供应业	Production and Supply of Electric Power and Heat Power	834.5	841.2
燃气生产和供应业	Production and Supply of Gas	3.3	3.5
水的生产和供应业	Production and Supply of Water	2.0	2.1

5-4 主要城市工业固体废物产生和排放情况(2021年)
Generation and Discharge of Industrial Solid Wastes in Major Cities (2021)

单位：万吨 (10 000 tons)

城市	City	一般工业固体废物产生量 Common Industrial Solid Wastes Generated	一般工业固体废物综合利用量 Common Industrial Solid Wastes Utilized	一般工业固体废物处置量 Common Industrial Solid Wastes Disposed
北京	Beijing	194.1	114.1	80.0
天津	Tianjin	1927.5	1920.8	5.1
石家庄	Shijiazhuang	1352.6	1281.6	71.1
太原	Taiyuan	3282.6	1312.1	1837.9
呼和浩特	Hohhot	1404.6	373.5	1017.6
沈阳	Shenyang	916.6	851.1	67.5
长春	Changchun	756.4	591.1	167.7
哈尔滨	Harbin	575.1	535.5	19.6
上海	Shanghai	2072.6	1947.5	125.7
南京	Nanjing	1941.2	1827.8	94.9
杭州	Hangzhou	572.4	572.4	4.0
合肥	Hefei	1308.7	1154.2	25.8
福州	Fuzhou	896.3	880.6	14.9
南昌	Nanchang	263.3	254.9	8.3
济南	Jinan	2411.5	2320.6	126.6
郑州	Zhengzhou	1115.1	893.4	256.4
武汉	Wuhan	1316.2	1278.2	26.0
长沙	Changsha	157.0	132.3	17.8
广州	Guangzhou	614.0	578.3	34.4
南宁	Nanning	179.8	164.2	15.3
海口	Haikou	6.4	6.1	0.4
重庆	Chongqing	2267.3	1884.2	271.0
成都	Chengdu	333.8	303.5	29.6
贵阳	Guiyang	1631.0	1160.9	456.4
昆明	Kunming	3275.3	1159.1	1487.5
拉萨	Lhasa	1626.7	125.7	6.3
西安	Xi'an	178.1	154.5	23.7
兰州	Lanzhou	522.2	511.4	4.7
西宁	Xining	477.3	463.0	8.0
银川	Yinchuan	1688.3	908.2	793.6
乌鲁木齐	Urumqi	929.6	857.7	67.9

六、自然生态

Natural Ecology

6-1 全国自然生态情况(2000–2021年)
Natural Ecology(2000-2021)

年 份 Year	自然保护区 数（个） Number of Nature Reserves (unit)	自然保护区面 积（万公顷） Area of Nature Reserves (10 000 hectares)	保护区面积占辖区面积比重（%） Percentage of Nature Reserves in the Region (%)	累计除涝面 积（万公顷） Area with Flood Prevention Measures (10 000 hectares)	累计水土流失治理面积（万公顷） Area of Soil Erosion under Control (10 000 hectares)
2000	1227	9821	9.9		8096.1
2001	1551	12989	12.9		8153.9
2002	1757	13295	13.2		8541.0
2003	1999	14398	14.4	2113.9	8971.4
2004	2194	14823	14.8	2119.8	9200.5
2005	2349	14995	15.0	2134.0	9465.5
2006	2395	15154	15.2	2137.6	9749.1
2007	2531	15188	15.2	2141.9	9987.1
2008	2538	14894	14.9	2142.5	10158.7
2009	2541	14775	14.7	2158.4	10454.5
2010	2588	14944	14.9	2169.2	10680.0
2011	2640	14971	14.9	2172.2	10966.4
2012	2669	14979	14.9	2185.7	10295.3
2013	2697	14631	14.8	2194.3	10689.2
2014	2729	14699	14.8	2236.9	11160.9
2015	2740	14703	14.8	2271.3	11557.8
2016	2750	14733	14.9	2306.7	12041.2
2017	2750	14717	14.9	2382.4	12583.9
2018	474	9861		2426.2	13153.2
2019	474	9811		2453.0	13732.5
2020	474	9821		2458.6	14312.2
2021	474	9821		2448.0	14955.2

注：2017年及以前自然保护区相关数据来自生态环境部，统计范围为全国各级自然保护区；2018年及以后数据来自国家林业和草原局，统计范围为国家级自然保护区。

Notes: The indices of Number of Nature Reserve and Area of Nature Reserves were counted by national and regional level before 2017, provided by Ministry of Ecology and Environment.These two indices have been counted by national level only since 2018, provided by National Forestry and Grassland Administration.

6-1 续表 continued

单位：万公顷 (10 000 hectares)

年 份 Year	造林总面积 Total Area of Afforestation	人工造林 Manual Planting	飞播造林 Airplane Planting	封山育林 Closed Hillsides for Afforestation	退化林修复 Restoration of Degraded Forest	人工更新 Artificial Regeneration
2000	510.5	434.5	76.0			
2001	495.3	397.7	97.6			
2002	777.1	689.6	87.5			
2003	911.9	843.2	68.6			
2004	679.5	501.9	57.9	119.7		
2005	540.4	323.2	41.6	175.6		
2006	383.9	244.6	27.2	112.1		
2007	390.8	273.9	11.9	105.1		
2008	535.4	368.5	15.4	151.5		
2009	626.2	415.6	22.6	188.0		
2010	591.0	387.3	19.6	184.1		
2011	599.7	406.6	19.7	173.4		
2012	559.6	382.1	13.6	163.9		
2013	610.0	421.0	15.4	173.6		
2014	555.0	405.3	10.8	138.9		
2015	768.4	436.3	12.8	215.3	73.9	30.1
2016	720.4	382.4	16.2	195.4	99.1	27.3
2017	768.1	429.6	14.1	165.7	128.1	30.5
2018	729.9	367.8	13.5	178.5	132.9	37.2
2019	739.0	345.8	12.6	189.8	153.8	37.0
2020	693.4	300.0	15.1	177.5	162.0	38.8
2021	375.4	108.5	17.2	123.5	101.1	25.1

注：自2015年起造林面积包括人工造林、飞播造林、新封山育林、退化林修复和人工更新。自2019年起新封山育林指标名称改为封山育林。

Note: Since 2015, total area of afforestation includes that of manual planting, airplane planting, new closed hillsides for affordstation, restoration of degraded forest, artificial regeneration. Since 2019, New Closed Hillsides for Affordstation is renamed as Closed Hillsides for Affordstation

6-2 各地区土地利用情况(2019年)
Land Use by Region (2019)

单位：千公顷 (1 000 hectares)

地　区	Region	耕　地 Cultivated Land	园　地 Garden Land	林　地 Forest Land	草　地 Grassland	湿　地 Wetland
全　国	**National Total**	**127861.9**	**20171.6**	**284125.9**	**264530.1**	**23469.3**
北　京	Beijing	93.5	126.3	967.6	14.5	3.1
天　津	Tianjin	329.6	36.9	148.3	15.0	32.7
河　北	Hebei	6034.2	1005.9	6425.3	1947.3	142.7
山　西	Shanxi	3869.5	640.9	6095.7	3105.1	54.4
内蒙古	Inner Mongolia	11496.5	47.2	24360.0	54171.9	3809.4
辽　宁	Liaoning	5182.1	527.9	6015.7	487.2	286.4
吉　林	Jilin	7498.5	76.5	8759.0	674.7	230.3
黑龙江	Heilongjiang	17195.4	62.4	21623.2	1185.7	3501.0
上　海	Shanghai	162.0	15.1	81.8	13.2	72.7
江　苏	Jiangsu	4089.7	230.3	787.0	93.6	416.4
浙　江	Zhejiang	1290.5	760.3	6093.6	63.5	165.2
安　徽	Anhui	5546.9	372.7	4091.5	47.9	47.7
福　建	Fujian	932.0	918.4	8811.4	74.9	188.6
江　西	Jiangxi	2721.6	572.4	10413.7	88.7	28.7
山　东	Shandong	6461.9	1262.4	2605.3	235.2	246.2
河　南	Henan	7514.1	427.8	4396.3	257.0	39.1
湖　北	Hubei	4768.6	487.0	9280.1	89.4	61.2
湖　南	Hunan	3629.2	886.1	12717.1	140.5	236.1
广　东	Guangdong	1901.9	1324.8	10792.5	238.5	178.9
广　西	Guangxi	3307.6	1670.2	16095.2	276.2	127.2
海　南	Hainan	486.9	1217.7	1174.1	17.1	121.2
重　庆	Chongqing	1870.2	280.6	4689.0	23.6	15.0
四　川	Sichuan	5227.2	1203.2	25419.6	9687.8	1230.8
贵　州	Guizhou	3472.6	568.1	11210.1	188.3	7.1
云　南	Yunnan	5395.5	2572.2	24969.0	1322.9	39.8
西　藏	Tibet	442.1	11.9	17896.1	80065.0	4302.5
陕　西	Shaanxi	2934.3	1214.0	12476.0	2210.3	48.7
甘　肃	Gansu	5209.5	428.6	7962.8	14307.1	1185.6
青　海	Qinghai	564.2	62.3	4603.6	39470.8	5101.2
宁　夏	Ningxia	1195.4	91.5	952.6	2031.0	24.9
新　疆	Xinjiang	7038.6	1070.1	12212.5	51986.0	1524.5

注：2019年土地利用数据来源于第三次全国国土调查。
Notes: Data of land use in 2019 were obtained from the third national land survey.

6-2 续表 continued

单位：千公顷 (1 000 hectares)

地 区	Region	城镇村及工矿用地 Land for Urban, Rural, Industrial and Mining Activities	交通运输用地 Land Used for Transport	水域及水利设施用地 Land Used for Water and Water Conservancy Facilities
全 国	**National Total**	**35306.4**	**9553.1**	**36287.9**
北 京	Beijing	313.6	49.3	61.7
天 津	Tianjin	332.2	45.3	237.3
河 北	Hebei	2102.9	407.1	571.1
山 西	Shanxi	1017.6	269.8	173.1
内蒙古	Inner Mongolia	1493.3	799.4	1061.8
辽 宁	Liaoning	1316.2	308.9	691.6
吉 林	Jilin	850.9	264.6	598.1
黑龙江	Heilongjiang	1164.4	544.3	1686.4
上 海	Shanghai	289.5	34.1	191.3
江 苏	Jiangsu	2097.3	365.1	2503.4
浙 江	Zhejiang	1146.8	246.9	702.5
安 徽	Anhui	1755.7	305.5	1728.5
福 建	Fujian	704.9	217.5	373.1
江 西	Jiangxi	1103.6	349.8	1289.6
山 东	Shandong	2806.5	446.4	1325.4
河 南	Henan	2449.5	381.7	850.7
湖 北	Hubei	1411.5	329.9	1983.7
湖 南	Hunan	1630.3	364.8	1258.5
广 东	Guangdong	1763.8	327.4	1342.3
广 西	Guangxi	979.9	352.3	749.0
海 南	Hainan	243.1	58.9	183.1
重 庆	Chongqing	637.7	155.8	271.7
四 川	Sichuan	1841.2	473.9	1053.2
贵 州	Guizhou	772.5	331.0	255.4
云 南	Yunnan	1073.7	526.4	608.5
西 藏	Tibet	162.3	166.6	5930.4
陕 西	Shaanxi	917.8	302.6	273.3
甘 肃	Gansu	852.6	331.2	409.4
青 海	Qinghai	367.8	140.5	2446.6
宁 夏	Ningxia	297.1	94.0	168.7
新 疆	Xinjiang	1410.0	561.9	5308.5

6-3 各地区自然保护基本情况(2021年)
Basic Conditions of Natural Protection by Region (2021)

地　区	Region	国家级自然保护区个数 (个) Number of National Nature Reserves (number)	国家级自然保护区面积 (万公顷) Area of National Nature Reserves (10 000 hectares)
全　国	**National Total**	**474**	**9821.3**
北　京	Beijing	2	2.9
天　津	Tianjin	3	3.1
河　北	Hebei	14	27.1
山　西	Shanxi	8	14.1
内蒙古	Inner Mongolia	29	434.9
辽　宁	Liaoning	19	90.5
吉　林	Jilin	24	122.8
黑龙江	Heilongjiang	49	389.4
上　海	Shanghai	2	6.5
江　苏	Jiangsu	3	30.2
浙　江	Zhejiang	11	14.8
安　徽	Anhui	8	14.4
福　建	Fujian	17	22.7
江　西	Jiangxi	16	26.1
山　东	Shandong	7	22.1
河　南	Henan	13	44.2
湖　北	Hubei	22	54.6
湖　南	Hunan	23	60.6
广　东	Guangdong	15	33.9
广　西	Guangxi	23	37.2
海　南	Hainan	10	16.3
重　庆	Chongqing	7	25.5
四　川	Sichuan	32	304.9
贵　州	Guizhou	11	29.0
云　南	Yunnan	21	152.2
西　藏	Tibet	11	3712.3
陕　西	Shaanxi	26	62.8
甘　肃	Gansu	21	671.7
青　海	Qinghai	7	2116.2
宁　夏	Ningxia	9	46.6
新　疆	Xinjiang	15	1232.0

资料来源：国家林业和草原局。
Source: National Forestry and Grassland Administration.

6-4 各地区森林资源情况
Forest Resources by Region

地　区　Region	林业用地面积 (万公顷) Area of Afforested Land (10 000 hectares)	森林面积 (万公顷) Forest Aera (10 000 hectares)	#人工林 Planted Forest	森林覆盖率 (%) Forest Coverage Rate (%)	活立木总蓄积量 (万立方米) Total Stock Volume of Living Trees (10 000 cu.m)	森林蓄积量 (万立方米) Stock Volume of Forest (10 000 cu.m)
全　国　National Total	**32368.55**	**22044.62**	**8003.10**	**22.96**	**1900713.20**	**1756022.99**
北　京　Beijing	107.10	71.82	43.48	43.77	3000.81	2437.36
天　津　Tianjin	20.39	13.64	12.98	12.07	620.56	460.27
河　北　Hebei	775.64	502.69	263.54	26.78	15920.34	13737.98
山　西　Shanxi	787.25	321.09	167.63	20.50	14778.65	12923.37
内蒙古　Inner Mongolia	4499.17	2614.85	600.01	22.10	166271.98	152704.12
辽　宁　Liaoning	735.92	571.83	315.32	39.24	30888.53	29749.18
吉　林　Jilin	904.79	784.87	175.94	41.49	105368.45	101295.77
黑龙江　Heilongjiang	2453.77	1990.46	243.26	43.78	199999.41	184704.09
上　海　Shanghai	10.19	8.90	8.90	14.04	664.32	449.59
江　苏　Jiangsu	174.98	155.99	150.83	15.20	9609.62	7044.48
浙　江　Zhejiang	659.77	604.99	244.65	59.43	31384.86	28114.67
安　徽　Anhui	449.33	395.85	232.91	28.65	26145.10	22186.55
福　建　Fujian	924.40	811.58	385.59	66.80	79711.29	72937.63
江　西　Jiangxi	1079.90	1021.02	368.70	61.16	57564.29	50665.83
山　东　Shandong	349.34	266.51	256.11	17.51	13040.49	9161.49
河　南　Henan	520.74	403.18	245.78	24.14	26564.48	20719.12
湖　北　Hubei	876.09	736.27	197.42	39.61	39579.82	36507.91
湖　南　Hunan	1257.59	1052.58	501.51	49.69	46141.03	40715.73
广　东　Guangdong	1080.29	945.98	615.51	53.52	50063.49	46755.09
广　西　Guangxi	1629.50	1429.65	733.53	60.17	74433.24	67752.45
海　南　Hainan	217.50	194.49	140.40	57.36	16347.14	15340.15
重　庆　Chongqing	421.71	354.97	95.93	43.11	24412.17	20678.18
四　川　Sichuan	2454.52	1839.77	502.22	38.03	197201.77	186099.00
贵　州　Guizhou	927.96	771.03	315.45	43.77	44464.57	39182.90
云　南　Yunnan	2599.44	2106.16	507.68	55.04	213244.99	197265.84
西　藏　Tibet	1798.19	1490.99	7.84	12.14	230519.15	228254.42
陕　西　Shaanxi	1236.79	886.84	310.53	43.06	51023.42	47866.70
甘　肃　Gansu	1046.35	509.73	126.56	11.33	28386.88	25188.89
青　海　Qinghai	819.16	419.75	19.10	5.82	5556.86	4864.15
宁　夏　Ningxia	179.52	65.60	43.55	12.63	1111.14	835.18
新　疆　Xinjiang	1371.26	802.23	121.42	4.87	46490.95	39221.50

注：1. 本表为第九次全国森林资源清查(2014－2018)资料。
　　2. 除林业用地面积外，其他指标全国总计数包括台湾和香港、澳门特别行政区数据。

Notes: a) Data in the table are the figures of the Ninth National Forestry Survey (2014-2018).
　　b) Data of national total include forest resources in Taiwan and Hong Kong SAR and Macao SAR except Area of Afforested Land.

6-5 各地区造林情况(2021年)
Area of Afforestation by Region (2021)

单位：公顷 (hectare)

地区	Region	造林总面积 Total Area of Afforestation	按造林方式分 By Approach				
			人工造林 Manual Planting	飞播造林 Airplane Planting	封山育林 Closed Hillsides for Afforestation	退化林修复 Restoration of Degraded Forest	人工更新 Artificial Regeneration
全国	**National Total**	**3754373**	**1085095**	**172239**	**1235098**	**1011349**	**250593**
北京	Beijing	24783	8005		16669		110
天津	Tianjin	5396			5396		
河北	Hebei	181389	72844	4831	47684	51130	4899
山西	Shanxi	338830	219727	13381	83538	10096	12088
内蒙古	Inner Mongolia	272951	128217	23403	63869	57081	381
辽宁	Liaoning	56559	18862		3835	28867	4994
吉林	Jilin	105897	4816		23092	68375	9615
黑龙江	Heilongjiang	95686	21742		23470	48971	1502
上海	Shanghai						
江苏	Jiangsu	3211	2556			519	136
浙江	Zhejiang	23975	8862		4173	10940	
安徽	Anhui	52735	8366		29788	12933	1648
福建	Fujian	96935	7145		43984	23722	22085
江西	Jiangxi	256815	20936		81839	113015	41024
山东	Shandong	11820	6531			3052	2238
河南	Henan	147507	70654	28163	16653	16385	15653
湖北	Hubei	138489	30628		80534	25529	1798
湖南	Hunan	153227	67481		45847	39516	382
广东	Guangdong	58234	1801		24333	23214	8885
广西	Guangxi	194768	9792		20609	112611	51757
海南	Hainan	8936	497			0	8439
重庆	Chongqing	117661	14994		42439	54538	5690
四川	Sichuan	186389	35846		111312	32502	6730
贵州	Guizhou	35434	5326		11995	17446	667
云南	Yunnan	149132	34634		79675	32020	2802
西藏	Tibet	70563	5339	38873	19998		6353
陕西	Shaanxi	324331	59515	52922	181456	30438	
甘肃	Gansu	178184	89634		41782	45505	1263
青海	Qinghai	165883	46650	10667	30300	43468	34798
宁夏	Ningxia	100414	43866		5793	49710	1044
新疆	Xinjiang	169802	39176		95037	31980	3610
大兴安岭	Daxinganling	28436	650			27785	

资料来源：国家林业和草原局(以下各表同)。
Source: National Forestry and Grassland Administration (the same as in the following tables).

6-6 各地区种草改良情况(2021年)
Construction of Grassland by Region (2021)

单位：千公顷 (1 000 hectares)

地区	Region	种草面积 Grass Planting Area	草原改良面积 Grassland Improvement Area
全国	**National Total**	**1313.6**	**1981.3**
北京	Beijing	2.0	
天津	Tianjin		
河北	Hebei	11.0	33.7
山西	Shanxi	2.1	43.7
内蒙古	Inner Mongolia	622.4	393.4
辽宁	Liaoning	56.4	
吉林	Jilin	6.2	21.6
黑龙江	Heilongjiang	6.1	28.7
上海	Shanghai		
江苏	Jiangsu		
浙江	Zhejiang		
安徽	Anhui	0.2	
福建	Fujian		
江西	Jiangxi		
山东	Shandong		
河南	Henan	3.9	4.3
湖北	Hubei	0.1	
湖南	Hunan	0.8	2.1
广东	Guangdong		
广西	Guangxi	0.4	1.3
海南	Hainan		
重庆	Chongqing	0.1	0.0
四川	Sichuan	53.9	151.8
贵州	Guizhou	7.3	
云南	Yunnan	60.7	19.0
西藏	Tibet	30.9	463.1
陕西	Shaanxi	8.7	6.5
甘肃	Gansu	81.5	160.5
青海	Qinghai	247.5	314.1
宁夏	Ningxia	1.7	30.3
新疆	Xinjiang	109.5	307.2

6-7 各地区矿山生态修复情况(2021年)
Ecological Restoration of Mine by Region (2021)

地 区	Region	现存采矿损毁土地面积(公顷) Existing Area of Land Destructed by Mining (hectare)	新增采矿损毁土地面积 Area of Land Destructed by Mining in Current Year	新增矿山生态修复土地面积(公顷) Ecological Restoration Land Area of Mine in Current Year (hectare)
全 国	**National Total**	**891025**	**61890**	**158513**
北 京	Beijing	1267	1	805
天 津	Tianjin	1543		111
河 北	Hebei	58018	1412	11863
山 西	Shanxi	91194	6120	13673
内蒙古	Inner Mongolia	143000	8400	29717
辽 宁	Liaoning	57442	9746	3312
吉 林	Jilin	17013	254	811
黑龙江	Heilongjiang	56474	642	3008
上 海	Shanghai	24		
江 苏	Jiangsu	14224	82	2987
浙 江	Zhejiang	5561	288	1261
安 徽	Anhui	60929	1560	2945
福 建	Fujian	15319	316	1329
江 西	Jiangxi	19303	936	5773
山 东	Shandong	45802	3429	10023
河 南	Henan	25986	3041	11919
湖 北	Hubei	8649	389	3253
湖 南	Hunan	18954	605	4989
广 东	Guangdong	20817	1077	1735
广 西	Guangxi	35090	1880	2949
海 南	Hainan	1352	249	841
重 庆	Chongqing	10194	748	1046
四 川	Sichuan	13156	866	2696
贵 州	Guizhou	8010	1264	2211
云 南	Yunnan	36321	1639	5764
西 藏	Tibet	3311	121	1116
陕 西	Shaanxi	20465	8573	11275
甘 肃	Gansu	18211	724	3883
青 海	Qinghai	5111	286	5556
宁 夏	Ningxia	17164	574	3501
新 疆	Xinjiang	61122	6670	8160

资料来源：自然资源部。
Source: Ministry of Natural Resources.

6-7 续表 continued

地 区	Region	本年投入矿山生态修复资金（万元）Investment of Mine Ecological Restoration in Current Year (10 000 yuan)	中央财政资金 Central Finance	地方财政资金 Local Finance	矿山企业资金 Mine Enterprise Investment	其他社会资金 Other Social Investment
全 国	**National Total**	**4138764**	**325892**	**1048316**	**2474748**	**289808**
北 京	Beijing	44608		44413	195	
天 津	Tianjin	5980		3207		2773
河 北	Hebei	145191		80316	41110	23766
山 西	Shanxi	439982	40337	38753	359079	1813
内蒙古	Inner Mongolia	716847	40540	23744	648490	4073
辽 宁	Liaoning	68409		37261	29361	1787
吉 林	Jilin	22578	9579	5495	7504	
黑龙江	Heilongjiang	48894	14459	26188	6743	1504
上 海	Shanghai					
江 苏	Jiangsu	152906	1800	127159	16210	7737
浙 江	Zhejiang	129395		52433	48394	28567
安 徽	Anhui	132829	5146	40606	82642	4434
福 建	Fujian	41259	1052	9882	29475	851
江 西	Jiangxi	131529	2760	24289	85178	19301
山 东	Shandong	277363	13776	104124	110220	49242
河 南	Henan	274665	14372	49191	118662	92441
湖 北	Hubei	166782	14376	100216	47616	4573
湖 南	Hunan	87060	5142	15951	63640	2327
广 东	Guangdong	91429	15071	39028	25637	11692
广 西	Guangxi	111914	4537	22801	79098	5479
海 南	Hainan	37385	2870	3954	29330	1232
重 庆	Chongqing	31996	9378	8838	13090	690
四 川	Sichuan	87111	8987	4869	73089	167
贵 州	Guizhou	97788	11462	29171	51791	5363
云 南	Yunnan	105299	16528	29138	46550	13083
西 藏	Tibet	39190	6930	6161	26089	11
陕 西	Shaanxi	365078	14670	44685	305716	7
甘 肃	Gansu	82042	29603	13343	34598	4498
青 海	Qinghai	108820	17640	42855	47816	509
宁 夏	Ningxia	40455	12610	14113	11912	1820
新 疆	Xinjiang	53980	12267	6132	35514	67

6-8　各流域除涝和水土流失治理情况(2021年)
Flood Prevention & Soil Erosion under Control by River Valley (2021)

单位：千公顷　　　　(1 000 hectares)

流域片	River Valley	累计除涝面积 Area with Flood Prevention Measures	本年新增除涝面积 Increase Area with Flood Prevention	累计水土流失治理面积 Area of Soil Erosion under Control	#小流域治理面积 Small Drainage Area	本年新增水土流失治理面积 Increase Area of Soil Erosion under Control
全　国	**National Total**	**24480.0**	**186.1**	**149552.1**	**45628.3**	**6843.1**
松花江区	Songhuajiang River	4318.0	6.9	11925.9	1695.5	880.2
辽河区	Liaohe River	1242.2	0.0	10273.4	3648.0	428.0
海河区	Haihe River	3235.9	2.5	11517.7	5193.8	426.3
黄河区	Huanghe River	588.6	0.2	29241.6	8350.4	1558.0
淮河区	Huaihe River	8446.7	63.0	6654.9	2806.5	198.8
长江区	Changjiang River	5041.1	103.1	49169.9	18254.1	1790.5
#太湖	Taihu Lake	746.4	11.9	431.6	116.5	7.8
东南诸河区	Southeastern Rivers	479.8	3.7	7704.2	1465.2	164.7
珠江区	Zhujiang River	990.8	4.8	9845.3	2199.6	462.9
西南诸河区	Southwestern Rivers	113.7	1.9	5858.1	1012.8	368.3
西北诸河区	Northwestern Rivers	23.4		7361.1	1002.5	565.5

资料来源：水利部(下表同)。
Source: Ministry of Water Resource (the same as in the following table).

6-9 各地区除涝和水土流失治理情况(2021年)
Flood Prevention & Soil Erosion under Control by Region (2021)

单位：千公顷 (1 000 hectares)

地 区 Region	累计除涝面积 Area with Flood Prevention Measures	本年新增除涝面积 Increase Area with Flood Prevention	累计水土流失治理面积 Area of Soil Erosion under Control	#小流域治理面积 Smasll Drainage Area	本年新增水土流失治理面积 Increase Area of Soil Erosion under Control	水土保持及生态项目本年完成投资(万元) Investment of Soil and Water Conservation & Ecological Projects (10 000 yuan)
全 国 National Total	**24480.0**	**186.1**	**149552.1**	**45628.3**	**6843.1**	**11235629**
北 京 Beijing	12.0		978.0	978.0	49.3	149340
天 津 Tianjin	362.2		104.0	51.3	2.1	99257
河 北 Hebei	1610.1		6147.0	3199.7	223.9	1127988
山 西 Shanxi	89.3		7731.9	802.2	381.9	299999
内蒙古 Inner Mongolia	277.0		15959.2	3471.0	798.8	93965
辽 宁 Liaoning	931.8	0.0	5936.1	2659.1	214.0	201187
吉 林 Jilin	1033.8		3004.1	235.4	214.0	31335
黑龙江 Heilongjiang	3360.9	6.9	6269.7	1059.1	524.6	51830
上 海 Shanghai	53.4	0.4				679312
江 苏 Jiangsu	4526.3	34.5	959.9	351.9	9.2	1072076
浙 江 Zhejiang	580.9	14.1	3702.6	657.7	42.9	508272
安 徽 Anhui	2515.4	38.6	2219.0	922.0	62.0	290962
福 建 Fujian	171.2	1.1	4146.5	853.1	122.5	656916
江 西 Jiangxi	456.3	15.1	6333.4	1532.0	138.8	731408
山 东 Shandong	3057.6	17.2	4583.1	1712.5	152.9	203185
河 南 Henan	2191.1	10.8	4141.8	2332.8	134.3	754341
湖 北 Hubei	1291.1	31.3	6568.5	2050.5	181.4	417937
湖 南 Hunan	437.4	2.0	4244.9	1111.6	186.8	243196
广 东 Guangdong	552.7	1.0	2034.5	217.1	80.8	1495769
广 西 Guangxi	237.7	0.9	3237.3	782.2	193.3	27975
海 南 Hainan	41.6	0.4	147.3	87.7	8.0	37711
重 庆 Chongqing			3947.3	1820.3	91.3	87330
四 川 Sichuan	103.2	0.4	11501.8	5012.4	527.4	210474
贵 州 Guizhou	128.6	2.7	7899.9	3435.4	322.9	64709
云 南 Yunnan	312.0	7.4	11092.9	2317.4	557.7	162093
西 藏 Tibet	4.1	1.0	804.2	165.6	92.3	42006
陕 西 Shaanxi	103.6	0.4	8350.5	3213.8	404.8	993160
甘 肃 Gansu	16.0		10829.5	2858.8	729.5	194648
青 海 Qinghai			1702.2	600.8	94.4	59767
宁 夏 Ningxia			2567.9	833.2	96.4	65664
新 疆 Xinjiang	22.6		2407.1	303.8	204.8	181814

6-10 各地区防沙治沙情况(2021年)
Desertification Control by Region (2021)

地 区	Region	沙化土地面积（平方公里）Area of Sandy Land (sq.km)	防沙治沙任务完成面积（万公顷）Area of Desertification Control (10 000 hectare)
全 国	**National Total**	**17211.75**	**140.37**
北 京	Beijing	2.76	1.93
天 津	Tianjin	1.39	
河 北	Hebei	210.34	14.10
山 西	Shanxi	58.02	2.29
内蒙古	Inner Mongolia	4078.79	35.35
辽 宁	Liaoning	51.07	1.20
吉 林	Jilin	70.44	1.10
黑龙江	Heilongjiang	47.40	1.00
上 海	Shanghai		
江 苏	Jiangsu	52.59	
浙 江	Zhejiang	0.004	
安 徽	Anhui	17.11	0.73
福 建	Fujian	3.51	0.01
江 西	Jiangxi	6.40	
山 东	Shandong	68.18	1.23
河 南	Henan	59.68	0.26
湖 北	Hubei	18.97	
湖 南	Hunan	5.87	
广 东	Guangdong	5.38	0.33
广 西	Guangxi	18.66	0.01
海 南	Hainan	5.50	0.05
重 庆	Chongqing	0.13	
四 川	Sichuan	86.31	0.83
贵 州	Guizhou	0.26	
云 南	Yunnan	2.94	
西 藏	Tibet	2158.36	7.37
陕 西	Shaanxi	135.39	6.22
甘 肃	Gansu	1217.02	14.15
青 海	Qinghai	1246.17	8.97
宁 夏	Ningxia	112.46	7.83
新 疆	Xinjiang	7470.64	35.39

七、自然灾害及突发事件

Natural Disasters & Environmental Accidents

7-1 全国自然灾害情况(2000-2021年)
Natural Disasters (2000-2021)

年 份 Year	地质灾害 Geological Disasters			地震灾害 Earthquake Disasters		
	灾害起数(处) Number of Geological Disasters (unit)	人员伤亡(人) Casualties (person)	直接经济损失(万元) Direct Economic Loss (10 000 yuan)	灾害次数(次) Number of Earthquake Disasters (case)	人员伤亡(人) Casualties (person)	直接经济损失(亿元) Direct Economic Loss (100 million yuan)
2000	19653	27697	494201	10	2855	14.2
2001	5793	1675	348699	12		
2002	40246	2759	509740	5	362	1.3
2003	15489	1333	504325	21	7465	46.6
2004	13555	1407	408828	11	696	9.5
2005	17751	1223	357678	13	882	26.3
2006	102804	1227	431590	10	229	8.0
2007	25364	1123	247528	3	422	20.2
2008	26580	1598	326936	17	446293	8595.0
2009	10580	845	190109	8	407	27.4
2010	30670	3445	638509	12	13795	236.1
2011	15804	410	413151	18	540	602.1
2012	14675	636	625253	12	1279	82.9
2013	15374	929	1043568	14	15965	995.4
2014	10937	637	567027	20	3666	332.6
2015	8355	422	250528	14	1192	179.2
2016	10997	593	354290	16	104	66.9
2017	7521	523	359477	12	676	147.7
2018	2966	185	147128	11	85	30.3
2019	6181	299	276868	16	428	91.0
2020	7840	197	502027	5	35	20.5
2021	4761	129	320025	19	9	106.5

注：自2019年起，地震灾害相关数据由应急管理部提供。自2021年起，地震灾害只统计死亡人数。

Note: Since 2019, the data of earthquake disasters is provided by Ministry of Emergency Management.

7-1 续表 continued

年 份 Year	海洋灾害 Marine Disasters			森林火灾 Forest Fires		
	发生次数 （次） Number of Marine Disasters (case)	死亡、失踪人数 （人） Deaths and Missing People (person)	直接经济损失 （亿元） Direct Economic Loss (100 million yuan)	灾害次数 （次） Number of Forest Fires (case)	人员伤亡 （人） Casualties (person)	其他损失折款 （万元） Economic Loss (10 000 yuan)
2000		79	120.8	5934	178	3069
2001		401	100.1	4933	58	7409
2002	126	124	65.9	7527	98	3610
2003	172	128	80.5	10463	142	37000
2004	155	140	54.2	13466	252	20213
2005	176	371	332.4	11542	152	15029
2006	180	492	218.5	8170	102	5375
2007	163	161	88.4	9260	94	12416
2008	128	152	206.1	14144	174	12594
2009	132	95	100.2	8859	110	14511
2010	113	137	132.8	7723	108	11611
2011	114	76	62.1	5550	91	20173
2012	138	68	155.0	3966	21	10802
2013	115	121	163.5	3929	55	6062
2014	100	24	136.1	3703	112	42513
2015	79	30	72.7	2936	26	6371
2016	123	60	46.5	2034	36	4136
2017	25	17	64.0	3223	46	4624
2018	28	73	47.8	2478	39	20445
2019	17	22	117.0	2345	76	16220
2020	15	6	8.3	1153	41	10078
2021	79	28	30.7	616	28	3324

7-2 各地区自然灾害损失情况(2021年)
Losses Caused by Natural Disasters by Region (2021)

单位：千公顷 (1 000 hectares)

地 区	Region	农作物受灾面积合计 Total		旱 灾 Drought	
		受灾 Area Affected	绝收 Total Crop Failure	受灾 Area Affected	绝收 Total Crop Failure
全 国	**National Total**	**11739.2**	**1632.8**	**3426.2**	**464.1**
北 京	Beijing	15.0	0.5		
天 津	Tianjin	6.4	0.5		
河 北	Hebei	388.9	68.9		
山 西	Shanxi	1163.4	162.5	626.5	98.1
内蒙古	Inner Mongolia	1283.6	83.1	335.5	9.7
辽 宁	Liaoning	249.1	11.2	8.1	0.2
吉 林	Jilin	245.2	11.5	44.1	6.1
黑龙江	Heilongjiang	831.5	176.8	320.7	27.1
上 海	Shanghai	24.9	2.5		
江 苏	Jiangsu	88.3	2.3		
浙 江	Zhejiang	149.3	12.1	16.4	0.9
安 徽	Anhui	296.1	33.3		
福 建	Fujian	47.0	5.6	1.3	0.1
江 西	Jiangxi	421.1	27.4	163.7	9.9
山 东	Shandong	108.7	3.2		
河 南	Henan	1588.1	328.0	12.7	
湖 北	Hubei	506.3	59.7		
湖 南	Hunan	436.2	56.1	157.9	19.1
广 东	Guangdong	76.4	14.4	31.2	1.2
广 西	Guangxi	152.4	11.1	97.3	5.6
海 南	Hainan	31.9	3.0	0.6	
重 庆	Chongqing	59.6	13.1	3.2	0.4
四 川	Sichuan	266.2	42.1	0.5	
贵 州	Guizhou	143.9	24.3	6.6	0.3
云 南	Yunnan	519.5	43.6	325.4	13.9
西 藏	Tibet	7.1	1.1	0.1	0.0
陕 西	Shaanxi	972.9	192.6	492.1	117.6
甘 肃	Gansu	547.6	88.6	410.0	79.9
青 海	Qinghai	44.9	0.7	9.1	
宁 夏	Ningxia	375.8	76.7	352.0	73.7
新 疆	Xinjiang	692.0	76.3	11.3	0.4

资料来源：应急管理部。
注：农作物受灾面积合计、受灾人口、死亡人口(含失踪)和直接经济损失含地震、森林、海洋等灾害。
Source: Ministry of Emergency Management.
Note: Total areas affected of farm crops, population affected, deaths (including missing) and direct economic loss include earthquake, forest disasters and marine disasters.

7-2 续表 1 continued 1

单位：千公顷 (1 000 hectares)

地 区	Region	洪涝、地质灾害和台风 Flood, Geophysical Disaster, Typhoon		风雹灾害 Wind and Hail	
		受灾 Area Affected	绝收 Total Crop Failure	受灾 Area Affected	绝收 Total Crop Failure
全 国	**National Total**	**5206.7**	**918.4**	**2711.9**	**205.7**
北 京	Beijing	3.8	0.2	11.2	0.3
天 津	Tianjin	2.3	0.5	0.9	
河 北	Hebei	211.9	51.5	156.8	15.4
山 西	Shanxi	331.3	50.4	151.0	10.8
内蒙古	Inner Mongolia	520.5	54.3	422.3	18.9
辽 宁	Liaoning	53.4	4.6	177.9	5.8
吉 林	Jilin	135.0	4.4	65.8	1.1
黑龙江	Heilongjiang	408.1	145.0	102.0	4.6
上 海	Shanghai	24.4	2.4		
江 苏	Jiangsu	64.4	1.3	23.8	1.0
浙 江	Zhejiang	127.3	11.2	0.0	
安 徽	Anhui	249.3	30.0	46.8	3.3
福 建	Fujian	30.2	3.8	1.9	0.2
江 西	Jiangxi	173.8	9.5	54.9	3.0
山 东	Shandong	50.7	1.2	57.3	2.0
河 南	Henan	1268.9	315.6	300.8	11.9
湖 北	Hubei	372.0	55.2	133.2	4.4
湖 南	Hunan	272.4	36.7	5.9	0.4
广 东	Guangdong	17.8	3.9	1.7	0.5
广 西	Guangxi	47.8	4.2	3.6	0.3
海 南	Hainan	31.3	3.0		
重 庆	Chongqing	52.9	11.9	2.5	0.3
四 川	Sichuan	244.0	39.3	20.7	2.6
贵 州	Guizhou	81.3	12.8	55.9	11.2
云 南	Yunnan	92.1	14.4	69.0	12.0
西 藏	Tibet	2.1	0.6	4.2	0.5
陕 西	Shaanxi	268.5	46.7	187.5	22.0
甘 肃	Gansu	40.2	3.6	85.9	4.6
青 海	Qinghai	3.6	0.2	32.2	0.5
宁 夏	Ningxia	5.8	0.1	14.5	2.2
新 疆	Xinjiang	19.6	0.1	521.8	66.2

7-2 续表 2 continued 2

地 区	Region	低温冷冻和雪灾(千公顷) Low-temperature, Freezing and Snow Disaster (1 000 hectares)		人口受灾 Population Affected		直接经济损失(亿元) Direct Economic Losses (100 million yuan)
		受灾 Area Affected	绝收 Total Crop Failure	受灾人口(万人次) Population Affected (10 000 person-times)	死亡人口(含失踪)(人) Deaths (including missing) (person)	
全 国	**National Total**	**378.6**	**44.4**	**10731.0**	**867**	**3340.2**
北 京	Beijing			10.5	2	13.0
天 津	Tianjin	3.2	0.0	4.5	6	5.4
河 北	Hebei	20.2	2.0	328.2	8	102.4
山 西	Shanxi	54.5	3.2	768.5	60	231.0
内蒙古	Inner Mongolia	2.9	0.2	232.1	23	76.4
辽 宁	Liaoning	9.6	0.6	172.3	3	84.6
吉 林	Jilin	0.3	0.1	75.7		13.8
黑龙江	Heilongjiang	0.8	0.0	101.4	2	57.2
上 海	Shanghai	0.5	0.1	73.4		9.2
江 苏	Jiangsu			65.0	32	8.9
浙 江	Zhejiang	5.7		322.9	14	124.6
安 徽	Anhui			265.9	5	31.7
福 建	Fujian	13.7	1.5	44.5	5	32.9
江 西	Jiangxi	28.8	5.1	573.4	11	46.1
山 东	Shandong	0.7	0.0	109.9	9	23.1
河 南	Henan	5.7	0.6	2449.2	434	1322.5
湖 北	Hubei	1.2	0.1	654.1	46	99.9
湖 南	Hunan			652.4	8	82.4
广 东	Guangdong	25.6	8.8	100.1	2	24.1
广 西	Guangxi	3.6	1.0	261.1	7	22.8
海 南	Hainan			36.8	4	10.0
重 庆	Chongqing	1.0	0.5	140.0	19	29.8
四 川	Sichuan	1.0	0.2	714.3	31	248.7
贵 州	Guizhou	0.2		244.6	5	30.2
云 南	Yunnan	33.0	3.4	791.5	38	104.9
西 藏	Tibet	0.7	0.0	19.1	15	8.1
陕 西	Shaanxi	24.8	6.4	834.5	56	317.3
甘 肃	Gansu	6.8	0.4	389.1	1	67.3
青 海	Qinghai	0.1	0.0	49.5	13	45.7
宁 夏	Ningxia	3.5	0.7	132.2	2	13.7
新 疆	Xinjiang	130.5	9.7	114.7	6	52.7

7-3 地质灾害情况(2021年)
Occurrence of Geological Disasters(2021)

地 区	Region	发生地质灾害起数(处) Geological Disasters (case)	#滑坡 Land-slide	#崩塌 Collapse	#泥石流 Mudslide	#地面塌陷 Sinkhole	人员伤亡(人) Casualties (person)	#死亡人数 Deaths	直接经济损失(万元) Direct Economic Losses (10 000 yuan)
全 国	**National Total**	**4761**	**2335**	**1746**	**374**	**285**	**129**	**80**	**320025**
北 京	Beijing	104	5	99					429
天 津	Tianjin	15		14	1				30
河 北	Hebei	23	8	11	4				1081
山 西	Shanxi	442	126	270	3	29			28521
内蒙古	Inner Mongolia	1			1				10
辽 宁	Liaoning								
吉 林	Jilin	11		11					108
黑龙江	Heilongjiang								
上 海	Shanghai								
江 苏	Jiangsu	8	8						22
浙 江	Zhejiang	246	97	72	76	1	6	5	4669
安 徽	Anhui	80	30	48	2				381
福 建	Fujian	35	8	24	1	2	4	3	134
江 西	Jiangxi	167	127	32	2	6			632
山 东	Shandong	1				1			1
河 南	Henan	769	228	452	14	74	13	12	32557
湖 北	Hubei	138	102	30	3	3	4	4	2251
湖 南	Hunan	536	422	79	10	22	5	4	11120
广 东	Guangdong	3	1	1		1			12
广 西	Guangxi	452	92	250		109	7	3	2056
海 南	Hainan	5	1	4					61
重 庆	Chongqing	289	182	87	11	9	9	9	8004
四 川	Sichuan	403	239	76	85	3	13	7	42064
贵 州	Guizhou	28	23	5			7	4	4590
云 南	Yunnan	170	89	15	46	19	19	7	86863
西 藏	Tibet	94	11	15	67	1	18	4	1638
陕 西	Shaanxi	507	403	65	37	2	22	16	79934
甘 肃	Gansu	162	109	51	1				11215
青 海	Qinghai	60	23	31	6		2	2	1492
宁 夏	Ningxia	4	1	2		1			32
新 疆	Xinjiang	8		2	4	2			118

资料来源：自然资源部。
Source: Ministry of Natural Resources.

7-4 地震灾害情况(2021年) Earthquake Disasters (2021)

地 区	Region	5.0级以上地震次数(次) Number of Earthquakes Above 5.0 (case)	5.0-5.9级 5.0-5.9 Richter Scale	6.0-6.9级 6.0-6.9 Richter Scale	7.0级以上 Over 7.0 Richter Scale	死亡人数(人) Deaths (person)	直接经济损失(亿元) Direct Economic Losses (100 million yuan)
全 国	**National Total**	**19**	**16**	**2**	**1**	**9**	**106.52**
内蒙古	Inner Mongolia						0.04
江 苏	Jiangsu	1	1				
河 南	Henan						0.01
湖 北	Hubei						0.04
广 西	Guangxi						0.22
重 庆	Chongqing						0.15
四 川	Sichuan					3	25.17
贵 州	Guizhou						0.21
云 南	Yunnan	6	5	1		3	34.15
西 藏	Tibet	3	2	1			4.76
甘 肃	Gansu	1	1				
青 海	Qinghai	5	4		1		41.00
宁 夏	Ningxia						0.05
新 疆	Xinjiang	3	3			3	0.72

资料来源：应急管理部。
Source: Ministry of Emergency Management.

7-5 海洋灾害情况(2021年) Marine Disasters (2021)

灾 种	Disaster Categories	发生次数(次) Occurance of Disasters (case)	死亡、失踪人数(人) Deaths and Missing People (person)	直接经济损失(亿元) Direct Economic Losses (100 million yuan)
合 计	**Total**	**79**	**28**	**30.71**
风暴潮	Stormy Tides	9	2	24.68
赤 潮	Red Tides	58		
海 浪	Sea Wave	9	26	1.05
海 冰	Sea Ice	1		4.98

资料来源：自然资源部。
Source: Ministry of Natural Resources.

7-6 各地区森林火灾情况(2021年)
Forest Fires by Region(2021)

地 区	Region	森林火灾次数(次) Forest Fires (case)	一般火灾 Ordinary Fires	较大火灾 Major Fires	重大火灾 Severe Fires	特别重大火灾 Especially Severe Fires	火场总面积(公顷) Total Fire-affected Area (hectare)
全 国	**National Total**	**616**	**295**	**321**			**14124**
北 京	Beijing						
天 津	Tianjin						
河 北	Hebei	5	4	1			290
山 西	Shanxi	8	4	4			1219
内蒙古	Inner Mongolia	15	7	8			108
辽 宁	Liaoning	13	9	4			138
吉 林	Jilin	11	10	1			18
黑龙江	Heilongjiang	3	3				
上 海	Shanghai						
江 苏	Jiangsu	2	2				1
浙 江	Zhejiang	21	8	13			198
安 徽	Anhui	5	5				7
福 建	Fujian	44	15	29			516
江 西	Jiangxi	50	19	31			677
山 东	Shandong	2	2				5
河 南	Henan	7	6	1			21
湖 北	Hubei	30	20	10			178
湖 南	Hunan	58	33	25			708
广 东	Guangdong	99	31	68			2337
广 西	Guangxi	97	32	65			1181
海 南	Hainan	15	8	7			76
重 庆	Chongqing	8	7	1			15
四 川	Sichuan	22	13	9			1736
贵 州	Guizhou	9	5	4			130
云 南	Yunnan	45	22	23			3028
西 藏	Tibet	6		6			848
陕 西	Shaanxi	17	11	6			100
甘 肃	Gansu	11	7	4			77
青 海	Qinghai	2	1	1			228
宁 夏	Ningxia	6	6				285
新 疆	Xinjiang	5	5				0.4

资料来源：应急管理部。
Source: Ministry of Emergency Management.

7-6 续表 continued

地 区	Region	受害森林面积（公顷）Destructed Forest Area (hectare)	公益林 Non-commercial Forest	商品林 Commercial Forest	伤亡人数（人）Casualties (person)	#死亡人数 Deaths	其他损失折款（万元）Economic Losses (10 000 yuan)
全 国	**National Total**	**4456.6**	**2087.0**	**1965.6**	**28**	**16**	**3324.1**
北 京	Beijing						
天 津	Tianjin						
河 北	Hebei	24.3	23.7	0.6			27.8
山 西	Shanxi	244.2					
内蒙古	Inner Mongolia	58.0	43.5	14.5			443.1
辽 宁	Liaoning	38.8	19.5	19.3			
吉 林	Jilin	5.7	4.0	1.7			8.1
黑龙江	Heilongjiang	1.0					
上 海	Shanghai						
江 苏	Jiangsu						
浙 江	Zhejiang	87.6	25.3	62.3	1		119.1
安 徽	Anhui	0.7	0.3	0.4			0.2
福 建	Fujian	306.6	100.0	206.6			215.9
江 西	Jiangxi	303.2	53.2	250.0	2	2	192.7
山 东	Shandong	0.9	0.9				
河 南	Henan	3.5	3.1	0.4			96.6
湖 北	Hubei	76.4	37.3	39.1			4.4
湖 南	Hunan	276.9	136.3	140.5	2	2	70.1
广 东	Guangdong	1023.8	502.8	521.0	1		490.6
广 西	Guangxi	495.0	58.3	436.7			156.6
海 南	Hainan	45.6	1.7	43.9			1.9
重 庆	Chongqing	11.6	11.2	0.5			7.6
四 川	Sichuan	239.2	232.1	7.0			618.0
贵 州	Guizhou	48.9	30.3	18.6			314.4
云 南	Yunnan	835.6	655.0	180.6	13	10	514.1
西 藏	Tibet	158.8					
陕 西	Shaanxi	44.8	23.8	21.0	1		12.0
甘 肃	Gansu	22.8	22.5	0.3			14.4
青 海	Qinghai	94.2	94.2				0.5
宁 夏	Ningxia	8.4	7.9	0.5	8	2	10.1
新 疆	Xinjiang	0.2	0.1	0.04			6.0

7-7 各地区森林有害生物防治情况(2021年)
Prevention of Forest Biological Disasters by Region (2021)

单位：公顷，%　　　　(hectare, %)

地　区	Region	合　计 Total			森林病害 Forest Diseases		
		发生面积 Area of Occurrence	防治面积 Area of Prevention	防治率 Prevention Rate	发生面积 Area of Occurrence	防治面积 Area of Prevention	防治率 Prevention Rate
全　国	**National Total**	**12553676**	**10088125**	**80.4**	**2847363**	**2250505**	**79.0**
北　京	Beijing	30642	30642	100.0	1072	1072	100.0
天　津	Tianjin	55178	45178	81.9	4915	4915	100.0
河　北	Hebei	472367	445489	94.3	14489	13409	92.6
山　西	Shanxi	236006	210275	89.1	14728	12728	86.4
内蒙古	Inner Mongolia	968442	594806	61.4	174964	85166	48.7
辽　宁	Liaoning	506358	460383	90.9	36082	30688	85.1
吉　林	Jilin	309875	304258	98.2	16177	16109	99.6
黑龙江	Heilongjiang	497445	427877	86.0	32129	20667	64.3
上　海	Shanghai	13412	13405	100.0	1215	1214	99.9
江　苏	Jiangsu	111319	108258	97.3	12939	12938	100.0
浙　江	Zhejiang	516192	489898	94.9	469032	444453	94.8
安　徽	Anhui	417962	350551	83.9	127207	91873	72.2
福　建	Fujian	265149	257332	97.1	80904	80845	99.9
江　西	Jiangxi	593496	499935	84.2	310493	272180	87.7
山　东	Shandong	505033	442835	87.7	122191	82543	67.6
河　南	Henan	481772	427334	88.7	97584	85436	87.6
湖　北	Hubei	457438	400816	87.6	117070	107018	91.4
湖　南	Hunan	361680	196858	54.4	93263	19852	21.3
广　东	Guangdong	519562	351993	67.8	298688	211250	70.7
广　西	Guangxi	352076	110494	31.4	76553	45631	59.6
海　南	Hainan	26983	7484	27.7	103	8	7.8
重　庆	Chongqing	360856	360856	100.0	125633	125633	100.0
四　川	Sichuan	624797	454135	72.7	131431	100117	76.2
贵　州	Guizhou	180101	167381	92.9	23030	18584	80.7
云　南	Yunnan	372466	367405	98.6	66955	66347	99.1
西　藏	Tibet	253327	104949	41.4	60313	24729	41.0
陕　西	Shaanxi	377422	311570	82.6	78740	61150	77.7
甘　肃	Gansu	391488	293288	74.9	74757	59145	79.1
青　海	Qinghai	258916	191951	74.1	29344	23618	80.5
宁　夏	Ningxia	274088	117986	43.1	1128	866	76.8
新　疆	Xinjiang	1611678	1519639	94.3	132801	129194	97.3
大兴安岭	Daxinganling	150150	22864	15.2	21433	1127	5.3

资料来源：国家林业和草原局。
Source: National Forestry and Grassland Administration.

7-7 续表 continued

单位：公顷，% (hectare, %)

地区 Region	森林虫害 Forest Pest Plague			森林鼠(兔)害 Forest Rat (Rabbit) Plague			有害植物 Harmful Plants		
	发生面积 Area of Occurrence	防治面积 Area of Prevention	防治率 Prevention Rate	发生面积 Area of Occurrence	防治面积 Area of Prevention	防治率 Prevention Rate	发生面积 Area of Occurrence	防治面积 Area of Prevention	防治率 Prevention Rate
全 国 National Total	**7766511**	**6394060**	**82.3**	**1746653**	**1303798**	**74.7**	**193149**	**139762**	**72.4**
北 京 Beijing	29570	29570	100.0						
天 津 Tianjin	50263	40263	80.1						
河 北 Hebei	430438	410188	95.3	27440	21892	79.8			
山 西 Shanxi	158191	142669	90.2	61920	53711	86.7	1167	1167	100.0
内蒙古 Inner Mongolia	596123	391303	65.6	197355	118337	60.0			
辽 宁 Liaoning	464425	424333	91.4	5851	5362	91.6			
吉 林 Jilin	255232	249683	97.8	38466	38466	100.0			
黑龙江 Heilongjiang	298405	264727	88.7	166911	142483	85.4			
上 海 Shanghai	12197	12191	100.0						
江 苏 Jiangsu	97104	94047	96.9				1276	1273	99.8
浙 江 Zhejiang	47160	45445	96.4						
安 徽 Anhui	290755	258678	89.0						
福 建 Fujian	184245	176487	95.8						
江 西 Jiangxi	282976	227755	80.5				27		
山 东 Shandong	382842	360292	94.1						
河 南 Henan	384188	341898	89.0						
湖 北 Hubei	265821	232770	87.6	4623	4349	94.1	69924	56679	81.1
湖 南 Hunan	268417	177006	65.9						
广 东 Guangdong	166952	99841	59.8				53922	40902	75.9
广 西 Guangxi	259966	54768	21.1	223	223	100.0	15334	9872	64.4
海 南 Hainan	8407	4840	57.6				18473	2636	14.3
重 庆 Chongqing	223854	223854	100.0	10089	10089	100.0	1280	1280	100.0
四 川 Sichuan	464143	333637	71.9	29055	20213	69.6	168	168	100.0
贵 州 Guizhou	151009	142753	94.5	3157	3156	100.0	2905	2888	99.4
云 南 Yunnan	276033	271764	98.5	11207	11133	99.3	18271	18161	99.4
西 藏 Tibet	138107	56624	41.0	50373	21320	42.3	4534	2276	50.2
陕 西 Shaanxi	215442	181822	84.4	83213	68571	82.4	27	27	100.0
甘 肃 Gansu	185449	129795	70.0	131282	104348	79.5			
青 海 Qinghai	116526	94761	81.3	107205	71139	66.4	5841	2433	41.7
宁 夏 Ningxia	105030	50653	48.2	167930	66467	39.6			
新 疆 Xinjiang	926237	861893	93.1	552640	528552	95.6			
大兴安岭 Daxinganling	31004	7750	25.0	97713	13987	14.3			

7-8 各地区草原灾害情况(2021年)
Grassland Disasters by Region (2021)

单位：千公顷 (1 000 hectares)

地区	Region	草原鼠害 Rodent Plague in Grassland		草原虫害 Insect Plague in Grassland		草原火灾受害草原面积(公顷) Area Affected by Fire (hectare)
		发生面积 Area of Occurrence	防治面积 Area of Prevention and Control	发生面积 Area Harmed	防治面积 Area of Prevention and Control	
全　国	**National Total**	**37618.9**	**10191.3**	**7919.3**	**3239.9**	**4198.8**
北　京	Beijing					
天　津	Tianjin					
河　北	Hebei	142.2	137.5	155.6	140.1	
山　西	Shanxi	314.9	39.3	356.8	82.2	
内蒙古	Inner Mongolia	5389.8	3330.6	3046.6	1459.4	3246.7
辽　宁	Liaoning	164.7	82.0	229.8	99.9	
吉　林	Jilin	31.4	34.2	34.8	40.2	
黑龙江	Heilongjiang	74.0	71.7	111.5	96.1	
上　海	Shanghai					
江　苏	Jiangsu					
浙　江	Zhejiang					
安　徽	Anhui					
福　建	Fujian					
江　西	Jiangxi					
山　东	Shandong					
河　南	Henan					
湖　北	Hubei					
湖　南	Hunan					
广　东	Guangdong					
广　西	Guangxi					
海　南	Hainan					
重　庆	Chongqing					
四　川	Sichuan	1774.8	426.0	618.2	60.0	6.1
贵　州	Guizhou					
云　南	Yunnan	40.2	33.7	58.2	48.8	
西　藏	Tibet	16466.7	270.0	533.3	49.2	
陕　西	Shaanxi	265.2	132.4	99.9	34.2	
甘　肃	Gansu	2733.2	682.2	960.7	296.7	640.1
青　海	Qinghai	9215.5	3627.0	944.0	302.0	285.5
宁　夏	Ningxia	85.1	642.0	60.9	27.0	20.3
新　疆	Xinjiang	921.3	682.7	708.7	504.0	

资料来源：国家林业和草原局，应急管理部。
Source: National Forestry and Grassland Administration, Ministry of Emergency Management.

7-9 各地区突发环境事件情况(2021年)
Environmental Emergencies by Region (2021)

单位：次 (case)

地 区	Region	突发环境事件次数 Number of Environmental Emergency Events	特别重大环境事件 Extraordinarily Serious Environmental Emergency Events	重大环境事件 Serious Environmental Emergency Events	较大环境事件 Comparatively Serious Environmental Emergency Events	一般环境事件 Ordinary Environmental Emergency Events
全 国	**National Total**	**199**		**2**	**9**	**188**
北 京	Beijing	2				2
天 津	Tianjin					
河 北	Hebei					
山 西	Shanxi	24			1	23
内蒙古	Inner Mongolia	6				6
辽 宁	Liaoning	4			1	3
吉 林	Jilin	2				2
黑龙江	Heilongjiang	3				3
上 海	Shanghai	1				1
江 苏	Jiangsu	12				12
浙 江	Zhejiang	6				6
安 徽	Anhui	2			1	1
福 建	Fujian	4			1	3
江 西	Jiangxi	3				3
山 东	Shandong	3			1	2
河 南	Henan	13		1		12
湖 北	Hubei	21				21
湖 南	Hunan	3			2	1
广 东	Guangdong	24				24
广 西	Guangxi	8				8
海 南	Hainan	2				2
重 庆	Chongqing	5				5
四 川	Sichuan	8				8
贵 州	Guizhou	4				4
云 南	Yunnan	5				5
西 藏	Tibet					
陕 西	Shaanxi	9		1	1	7
甘 肃	Gansu	5		1	1	3
青 海	Qinghai	5				5
宁 夏	Ningxia	9				9
新 疆	Xinjiang	7				7

资料来源：生态环境部。
Source: Ministry of Ecology and Environment.

八、环境投资

Environmental Investment

8-1 全国环境污染治理投资情况(2001-2021年)
Investment in the Treatment of Environmental Pollution (2001-2021)

单位：亿元　　(100 million yuan)

年 份 Year	环境污染治理投资总额 Total Investment in Treatment of Environmental Pollution	城镇环境基础设施建设投资 Investment in Urban Environment Infrastructure Facilities	燃气 Gas Supply	集中供热 Central Heating	排水 Sewerage Projects	园林绿化 Gardening & Greening	市容环境卫生 Sanitation
2001	1166.7	655.8	81.7	90.3	244.9	181.4	57.5
2002	1456.5	878.4	98.9	134.6	308.0	261.5	75.4
2003	1750.1	1194.8	147.4	164.3	419.8	352.4	110.9
2004	2057.5	1288.9	163.4	197.7	404.8	400.5	122.5
2005	2565.2	1466.9	164.3	250.0	431.5	456.3	164.8
2006	2779.5	1528.4	179.2	252.5	403.6	475.2	217.9
2007	3668.8	1749.0	187.0	272.4	517.1	601.6	171.0
2008	4937.0	2247.7	199.2	328.2	637.2	823.9	259.2
2009	5258.4	3245.1	219.2	441.5	1035.5	1137.6	411.2
2010	6670.3	4240.3	358.0	557.4	1172.7	1728.7	423.5
2011	7114.0	4557.2	444.1	593.3	971.6	1991.9	556.2
2012	8426.1	5235.2	551.8	798.1	934.1	2380.1	571.1
2013	9037.2	5223.0	607.9	819.5	1055.0	2234.9	505.7
2014	9575.5	5463.9	574.0	763.0	1196.1	2338.5	592.2
2015	8806.4	4946.8	463.1	687.8	1248.5	2075.4	472.0
2016	9219.8	5412.0	532.0	662.5	1485.5	2170.9	561.1
2017	9539.0	6085.7	566.7	778.3	1727.5	2390.2	623.0
2018	8911.5	5893.2	398.6	578.6	1897.5	2413.4	605.1
2019	9258.5	5786.6	378.9	466.7	1929.0	2327.3	684.6
2020	9690.0	6842.2	318.3	523.6	2675.7	2194.5	1130.0
2021	9491.8	6578.3	305.2	558.3	2714.7	2003.1	997.0

8-1 续表 continued

单位：亿元 (100 million yuan)

年 份 Year	老工业污染防治投资 Investment in Treatment of Industrial Pollution Sources	治理废水 Treatment of Waste water	治理废气 Treatment of Waste Gas	治理固体废物 Treatment of Solid Waste	治理噪声 Treatment of Noise Pollution	治理其他 Treatment of Other Pollution	当年完成环保验收项目环保投资 Environmental Protection Investment in the Environmental Protection Acceptance Projects in the Year	环境污染治理投资占GDP比重(%) Investment in Anti-pollution Projects as Percentage of GDP (%)
2001	174.5	72.9	65.8	18.7	0.6	16.5	336.4	1.05
2002	188.4	71.5	69.8	16.1	1.0	29.9	389.7	1.20
2003	221.8	87.4	92.1	16.2	1.0	25.1	333.5	1.27
2004	308.1	105.6	142.8	22.6	1.3	35.7	460.5	1.27
2005	458.2	133.7	213.0	27.4	3.1	81.0	640.1	1.37
2006	483.9	151.1	233.3	18.3	3.0	78.3	767.2	1.27
2007	552.4	196.1	275.3	18.3	1.8	60.7	1367.4	1.36
2008	542.6	194.6	265.7	19.7	2.8	59.8	2146.7	1.55
2009	442.6	149.5	232.5	21.9	1.4	37.4	1570.7	1.51
2010	397.0	129.6	188.2	14.3	1.4	62.0	2033.0	1.62
2011	444.4	157.7	211.7	31.4	2.2	41.4	2112.4	1.46
2012	500.5	140.3	257.7	24.7	1.2	76.5	2690.4	1.56
2013	849.7	124.9	640.9	14.0	1.8	68.1	2964.5	1.52
2014	997.7	115.2	789.4	15.1	1.1	76.9	3113.9	1.49
2015	773.7	118.4	521.8	16.1	2.8	114.5	3085.8	1.28
2016	819.0	108.2	561.5	38.9	0.6	109.7	2988.8	1.24
2017	681.5	76.4	446.3	12.7	1.3	144.9	2771.7	1.15
2018	621.3	64.0	393.1	18.4	1.5	144.2	2397.0	0.97
2019	615.2	69.9	367.7	17.1	1.4	159.1	2750.1	0.94
2020	454.3	57.4	242.4	17.3	0.7	136.5	3342.5	0.96
2021	335.2	36.1	222.1	7.9	0.5	68.5	2578.3	0.83

8-2 各地区城镇环境基础设施建设投资情况(2021年)

Investment in Urban Environmental Infrastructure by Region (2021)

单位：万元　　　　(10 000 yuan)

地 区	Region	投资总额 Total Investment	燃气 Gas Supply	集中供热 Central Heating	排水 Sewerage Projects	园林绿化 Gardening & Greening	市容环境卫生 Sanitation
全 国	**National Total**	**65782796**	**3051501**	**5582929**	**27147391**	**20031098**	**9969877**
北 京	Beijing	2195863	132161	294232	572900	1016026	180544
天 津	Tianjin	406949	14575	26666	161886	104959	98863
河 北	Hebei	3657128	109137	693760	1155385	916752	782094
山 西	Shanxi	1227003	25217	614458	294414	152121	140793
内蒙古	Inner Mongolia	1123116	16116	518733	292552	170668	125047
辽 宁	Liaoning	1049848	143111	204810	332523	141534	227870
吉 林	Jilin	634073	78129	79281	262897	157897	55869
黑龙江	Heilongjiang	1094573	21598	385209	286540	151292	249934
上 海	Shanghai	1259338	115946		717799	192461	233132
江 苏	Jiangsu	4229827	166388	13131	1671125	1922517	456666
浙 江	Zhejiang	3790177	158235	9800	1374984	1828039	419119
安 徽	Anhui	3057511	240952	42364	1419689	966853	387653
福 建	Fujian	2007258	153805		1002785	505217	345451
江 西	Jiangxi	3322602	125026		1727380	1064401	405795
山 东	Shandong	5041214	155659	1219633	1530685	1550288	584949
河 南	Henan	5667609	141877	445618	1310721	2773672	995721
湖 北	Hubei	3005685	85333	20315	1350598	1265387	284052
湖 南	Hunan	2399124	225349	1000	1517796	385235	269744
广 东	Guangdong	4398527	318326		2613872	385103	1081226
广 西	Guangxi	1521118	85002		825371	299834	310911
海 南	Hainan	258893	18931		107114	62629	70219
重 庆	Chongqing	2063093	37034		888047	726081	411931
四 川	Sichuan	4720372	73756	21308	2394644	1594410	636254
贵 州	Guizhou	1255021	93214	4680	642671	127696	386760
云 南	Yunnan	1402702	77218		794322	303188	227974
西 藏	Tibet	129742	23837	85	42096	45620	18104
陕 西	Shaanxi	2311014	112999	252800	898855	814918	231442
甘 肃	Gansu	865108	31486	177771	415537	134885	105429
青 海	Qinghai	147759	6544	28372	75917	21422	15504
宁 夏	Ningxia	361573	12883	94828	152379	37506	63977
新 疆	Xinjiang	1178976	51657	434075	313907	212487	166850

资料来源：住房和城乡建设部。
Source: Ministry of Housing and Urban-Rural Development.

8-3 各地区老工业污染治理投资完成情况(2021年)

Completed Investment in Treatment of Industrial Pollution by Region (2021)

单位：万元 (10 000 yuan)

地 区	Region	老工业企业污染防治本年完成投资 Investment Completed in Pollution Treatment Projects	治理废水 Treatment of Waste water	治理废气 Treatment of Waste Gas	治理固体废物 Treatment of Solid Waste	治理噪声 Treatment of Noise Pollution	治理其他 Treatment of Other Pollution
全 国	**National Total**	**3352364**	**361241**	**2220982**	**79265**	**5437**	**685440**
北 京	Beijing	6350	762	5273	210	84	21
天 津	Tianjin	10076	600	9014			462
河 北	Hebei	95548	4821	80811	30		9887
山 西	Shanxi	76071	7747	44865	1165	178	22116
内蒙古	Inner Mongolia	330854	26783	212010	11065		80995
辽 宁	Liaoning	120759	3573	94691	9655	35	12805
吉 林	Jilin	39423	216	36793	65		2349
黑龙江	Heilongjiang	131055	6839	21268	1781	183	100984
上 海	Shanghai	110942	16142	77635	40	120	17005
江 苏	Jiangsu	98229	24098	63207	5501	100	5323
浙 江	Zhejiang	175538	31903	115652	10231	1406	16346
安 徽	Anhui	165279	23696	128598	16	22	12947
福 建	Fujian	120401	2194	93704	1228	1699	21576
江 西	Jiangxi	87284	16513	22895	1509	195	46172
山 东	Shandong	376918	77620	250164	2460	40	46634
河 南	Henan	75012	5326	62442	350	120	6774
湖 北	Hubei	138490	12177	114745	2174		9394
湖 南	Hunan	105596	14483	90300	312		501
广 东	Guangdong	380607	15852	225528	4833	2	134393
广 西	Guangxi	119600	3323	113170	34	22	3051
海 南	Hainan	11091	1604	4995	25		4468
重 庆	Chongqing	20657	2546	16735	116		1260
四 川	Sichuan	81009	25489	50678	40	690	4113
贵 州	Guizhou	97800	10387	44888	16342	466	25716
云 南	Yunnan	71485	4757	46396	1301	72	18959
西 藏	Tibet	10			8		2
陕 西	Shaanxi	64414	5380	26477	73	2	32482
甘 肃	Gansu	53787	2059	46122	4899		708
青 海	Qinghai	11826	15	11471	140		200
宁 夏	Ningxia	65360	9967	40943	63		14387
新 疆	Xinjiang	110892	4371	69514	3598		33409

资料来源：生态环境部。
Source: Ministry of Ecology and Environment.

8-4 各地区林业草原投资完成情况(2021年)
Completed Investment for Forestry and Grassland by Region(2021)

单位：万元 (10 000 yuan)

地 区	Region	本年完成投资 Completed Investment During the Year	#国家投资 State Investment	本年完成投资 Completed Investment During the Year		
				生态修复治理 Ecological Restoration and Treatment	林(草)产品加工制造 Manufacture of Forest and Grassland Products	林业草原服务、保障和公共管理 Sevices, Security and Public Management of Forest and Grassland Sector
全 国	**National Total**	**41699834**	**23438010**	**21350566**	**7917550**	**12431718**
北 京	Beijing	1484604	1407997	806310		678294
天 津	Tianjin	87449	31238	84616		2833
河 北	Hebei	1164168	995675	956167	336	207665
山 西	Shanxi	940896	875263	753734	74	187088
内蒙古	Inner Mongolia	1572683	1527112	774140	3690	794853
辽 宁	Liaoning	360895	355470	206433	564	153898
吉 林	Jilin	796025	759502	526714	1667	267644
黑龙江	Heilongjiang	1504707	1475212	554054	5776	944877
上 海	Shanghai	167246	166853	128883		38363
江 苏	Jiangsu	702072	466436	553368	97411	51293
浙 江	Zhejiang	671344	483475	412232	1532	257580
安 徽	Anhui	2051314	458484	1690056	165030	196228
福 建	Fujian	611063	384760	400419	74994	135650
江 西	Jiangxi	1226970	805618	796698	10142	420130
山 东	Shandong	2085012	755886	777747	825182	482083
河 南	Henan	1073284	632465	882238	251	190795
湖 北	Hubei	1965234	663872	684134	1022749	258351
湖 南	Hunan	2477345	1027639	1354546	604230	518569
广 东	Guangdong	1058592	972533	361237	4390	692965
广 西	Guangxi	7205329	617405	1727105	4112472	1365752
海 南	Hainan	159730	141998	55727	449	103554
重 庆	Chongqing	859134	603101	452077	110296	296761
四 川	Sichuan	2968735	1452961	1113799	820850	1034086
贵 州	Guizhou	2010248	946562	1493490	1361	515397
云 南	Yunnan	1216787	1121543	764035	17247	435505
西 藏	Tibet	384126	384126	373906		10220
陕 西	Shaanxi	973695	882883	610756	21404	341535
甘 肃	Gansu	1322942	914983	871466	440	451036
青 海	Qinghai	471987	469150	197099		274888
宁 夏	Ningxia	319391	247672	250210		69181
新 疆	Xinjiang	888883	777925	493594	13478	381811
局直属单位(含大兴安岭)	Units under the Bureau (including Daxinganling)	1283395	987091	413640	1535	868220

资料来源：国家林业和草原局。
Source: National Forestry and Grassland Administration.

九、城市环境

Urban Environment

9-1 全国城市环境情况(2000-2021年)
Urban Environment (2000-2021)

年 份 Year	城区面积 (万平方公里) Urban Area (10 000 sq.km)	人均日生活用水量 (升) Per Capita Daily Water Consumption for Daily Use (liter)	城市供水普及率 (%) Water Coverage Rate (%)	城市污水排放量 (亿立方米) Waste Water Discharged (100 million cu.m)	城市污水处理率 (%) Waste Water Treatment Rate (%)
2000	87.8	220.2	63.9	331.8	34.3
2001	60.8	216.0	72.3	328.6	36.4
2002	46.7	213.0	77.9	337.6	40.0
2003	39.9	210.9	86.2	349.2	42.1
2004	39.5	210.8	88.9	356.5	45.7
2005	41.3	204.1	91.1	359.5	52.0
2006	16.7	188.3	86.1	362.5	55.7
2007	17.6	178.4	93.8	361.0	62.9
2008	17.8	178.2	94.7	364.9	70.2
2009	17.5	176.6	96.1	371.2	75.3
2010	17.9	171.4	96.7	378.7	82.3
2011	18.4	170.9	97.0	403.7	83.6
2012	18.3	171.8	97.2	416.8	87.3
2013	18.3	173.5	97.6	427.5	89.3
2014	18.4	173.7	97.6	445.3	90.2
2015	19.2	174.5	98.1	466.6	91.9
2016	19.8	176.9	98.4	480.3	93.4
2017	19.8	178.9	98.3	492.4	94.5
2018	20.1	179.7	98.4	521.1	95.5
2019	20.1	180.0	98.8	554.6	96.8
2020	18.7	179.4	99.0	571.4	97.5
2021	18.8	185.0	99.4	625.1	97.9

注：1.2006年起住房和城乡建设部《城市建设统计制度》修订，统计范围、口径及部分指标计算方法都有所调整，故不能与2005年直接比较。
2.2020年和2021年城区面积不含北京市。

Note: a) Urban Construction Statistical System had been amended by Ministry of Housing and Urban-Rural Development in 2006. Scope, caliber and calculated method of some indicators are adjusted,so it can not be directly compared with data of 2005.
b) Urban Area does not include that in Beijing in 2020 and 2021.

9-1 续表 continued

年 份 Year	城市燃气普及率(%) Gas Coverage Rate (%)	城市生活垃圾清运量(万吨) Volume of Domestic Garbage Collected and Transported (10 000 tons)	城市生活垃圾无害化处理率(%) Rate of Domestic Garbage Harmless Treatment (%)	集中供热面积(万平方米) Heated Area (10 000 sq.m)	建成区绿化覆盖率(%) Green Coverage Rate of Built District (%)	人均公园绿地面积(平方米) Public Recreational Green Space per Capita (sq.m)
2000	45.4	11819		110766	28.2	3.7
2001	59.7	13470	58.2	146329	28.4	4.6
2002	67.2	13650	54.2	155567	29.8	5.4
2003	76.7	14857	50.8	188956	31.2	6.5
2004	81.5	15509	52.1	216266	31.7	7.4
2005	82.1	15577	51.7	252056	32.5	7.9
2006	79.1	14841	52.2	265853	35.1	8.3
2007	87.4	15215	62.0	300591	35.3	9.0
2008	89.6	15438	66.8	348948	37.4	9.7
2009	91.4	15734	71.4	379574	38.2	10.7
2010	92.0	15805	77.9	435668	38.6	11.2
2011	92.4	16395	79.7	473784	39.2	11.8
2012	93.2	17081	84.8	518368	39.6	12.3
2013	94.3	17239	89.3	571677	39.7	12.6
2014	94.6	17860	91.8	611246	40.2	13.1
2015	95.3	19142	94.1	672205	40.1	13.4
2016	95.8	20362	96.6	738663	40.3	13.7
2017	96.3	21521	97.7	830858	40.9	14.0
2018	96.7	22802	99.0	878050	41.1	14.1
2019	97.3	24206	99.2	925137	41.5	14.4
2020	97.9	23512	99.7	988209	42.1	14.8
2021	98.0	24869	99.9	1060316	42.4	14.9

9-2　主要城市空气质量情况（2021年）
Ambient Air Quality by Main City (2021)

城　市　City	二氧化硫年平均浓度（微克/立方米）Annual Average Concentration of SO_2 ($\mu g/m^3$)	二氧化氮年平均浓度（微克/立方米）Annual Average Concentration of NO_2 ($\mu g/m^3$)	可吸入颗粒物(PM_{10})年平均浓度（微克/立方米）Annual Average Concentration of PM_{10} ($\mu g/m^3$)	一氧化碳日均值第95百分位浓度(毫克/立方米) 95th Percentile Daily Average Concentration of CO (mg/m^3)	臭氧(O_3)最大8小时第90百分位浓度(微克/立方米) 90th Percentile Daily Maximum 8 Hours Average Concentration of O_3($\mu g/m^3$)	细颗粒物($PM_{2.5}$)年平均浓度（微克/立方米）Annual Average Concentration of $PM_{2.5}$ ($\mu g/m^3$)	空气质量达到及好于二级的天数（天）Days of Air Quality Equal to or Above Grade Ⅱ (day)
北　京 Beijing	3	26	55	1.1	149	33	79
天　津 Tianjin	8	37	69	1.4	160	39	72
石家庄 Shijiazhuang	9	32	84	1.4	173	46	66
太　原 Taiyuan	14	39	83	1.5	192	44	61
呼和浩特 Hohhot	11	28	60	1.4	144	28	87
沈　阳 Shenyang	15	33	65	1.5	135	38	86
长　春 Changchun	9	31	54	1.0	116	31	90
哈尔滨 Harbin	16	31	57	1.2	128	37	85
上　海 Shanghai	6	35	43	0.9	145	27	92
南　京 Nanjing	6	33	56	1.0	168	29	82
杭　州 Hangzhou	6	34	55	0.9	162	28	88
合　肥 Hefei	7	36	63	1.0	143	32	86
福　州 Fuzhou	4	18	39	0.8	113	21	100
南　昌 Nanchang	8	27	61	1.1	134	31	92
济　南 Jinan	11	33	78	1.3	181	40	63
郑　州 Zhengzhou	8	32	76	1.2	177	42	65
武　汉 Wuhan	8	40	59	1.3	155	37	79
长　沙 Changsha	7	29	52	1.1	144	43	83
广　州 Guangzhou	8	34	46	1.0	160	24	89
南　宁 Nanning	8	25	47	1.0	129	28	97
海　口 Haikou	4	10	28	0.7	124	14	98
重　庆 Chongqing	9	32	54	1.0	127	35	89
成　都 Chengdu	6	35	61	1.0	151	40	82
贵　阳 Guiyang	10	20	42	0.9	114	23	99
昆　明 Kunming	9	23	41	0.9	134	24	98
拉　萨 Lhasa	6	16	24	0.8	121	10	100
西　安 Xi'an	8	40	82	1.3	154	41	73
兰　州 Lanzhou	15	46	72	2.0	145	32	81
西　宁 Xining	18	36	58	2.0	142	32	90
银　川 Yinchuan	14	30	63	1.5	152	27	84
乌鲁木齐 Urumqi	7	38	65	1.8	134	39	81

资料来源：生态环境部。
Source: Ministry of Ecology and Environment.

9-3 各地区城市市政设施情况(2021年)
Urban Municipal Facilities by Region (2021)

地区	Region	道路长度(公里) Length of Roads (km)	道路面积(万平方米) Area of Roads (10 000 sq.m)	桥梁(座) Number of Bridges (unit)	#立交桥 Inter-section Bridges	道路照明灯(千盏) Number of Road Lamps (1 000 units)	排水管道长度(公里) Length of Drainage Pipes (km)	#污水管道 Sewers
全国	**National Total**	**532476**	**1053655**	**83673**	**6107**	**32459.3**	**872283**	**400566**
北京	Beijing	8432	14800	2401	456	312.8	18926	9143
天津	Tianjin	9387	18000	1247	150	419.1	23402	10839
河北	Hebei	19358	41978	2483	294	1103.7	22470	10965
山西	Shanxi	9796	22696	600	90	536.4	12671	6006
内蒙古	Inner Mongolia	11348	23057	528	70	622.3	14806	7866
辽宁	Liaoning	24052	44707	1940	244	1350.1	24142	6729
吉林	Jilin	11014	19691	1002	133	612.3	14114	5637
黑龙江	Heilongjiang	14441	23003	1242	267	752.1	13797	4431
上海	Shanghai	5844	11977	3045	50	686.0	23696	9286
江苏	Jiangsu	53304	92965	14330	461	3849.3	92127	47126
浙江	Zhejiang	30781	58313	14110	214	1890.0	60698	31793
安徽	Anhui	19433	46184	2281	325	1206.0	36505	16035
福建	Fujian	16064	31039	2494	94	948.7	22880	10869
江西	Jiangxi	14103	29896	1192	87	974.8	21577	9466
山东	Shandong	53058	108259	5956	237	2199.0	72793	32272
河南	Henan	17956	44850	1775	213	1142.8	31369	13476
湖北	Hubei	23522	46273	2496	218	1019.8	36069	13988
湖南	Hunan	18070	38758	1445	130	918.1	25364	9257
广东	Guangdong	57664	100564	9826	964	3655.8	134422	66811
广西	Guangxi	15637	32100	1472	176	831.1	20468	7323
海南	Hainan	5337	8517	248	11	184.0	7275	3112
重庆	Chongqing	12246	26320	2506	328	899.1	24604	11852
四川	Sichuan	28269	56342	3859	351	2166.5	46437	21590
贵州	Guizhou	10417	20027	962	72	820.6	12605	6540
云南	Yunnan	9032	18536	1399	93	761.7	18953	8826
西藏	Tibet	1048	2089	63	1	32.4	866	304
陕西	Shaanxi	10495	24556	861	178	852.9	13946	6358
甘肃	Gansu	7036	15074	712	94	434.9	8499	4431
青海	Qinghai	1659	4133	239	4	152.6	3601	1943
宁夏	Ningxia	2981	8193	225	8	248.1	2427	617
新疆	Xinjiang	10691	20757	734	94	876.4	10774	5677

资料来源：住房和城乡建设部(以下各表同)。
Source: Ministry of Housing and Urban-Rural Development(the same as in the following tables).

9-4 各地区城市供水和用水情况(2021年)
Urban Water Supply and Use by Region (2021)

单位：万立方米 (10 000 cu.m)

地 区	Region	供水总量 Total Water Supply	生产运营用水 Production & Operation	公共服务用水 Public Service	居民家庭用水 Household Use	其他用水 Other
全 国	**National Total**	**6733442**	**1704363**	**978238**	**2764501**	**319097**
北 京	Beijing	150136	11370	45719	67094	2713
天 津	Tianjin	102889	33384	13949	38251	2891
河 北	Hebei	165016	46259	24814	68428	4095
山 西	Shanxi	90166	17370	16604	45637	2692
内蒙古	Inner Mongolia	81109	26095	9279	26731	5533
辽 宁	Liaoning	269055	70489	37917	86387	15770
吉 林	Jilin	104524	23921	15956	37336	4050
黑龙江	Heilongjiang	130786	34041	18032	42542	7515
上 海	Shanghai	300783	42927	76482	115705	12582
江 苏	Jiangsu	637702	209128	77998	220347	51422
浙 江	Zhejiang	467102	157686	62770	187403	11742
安 徽	Anhui	255083	78933	33084	101662	8890
福 建	Fujian	208093	43751	36131	88577	10601
江 西	Jiangxi	154459	33423	19331	70887	5682
山 东	Shandong	398912	159236	49194	138377	12187
河 南	Henan	231305	52865	32766	107178	8392
湖 北	Hubei	323371	80062	27143	143574	10018
湖 南	Hunan	240099	41301	34839	110201	11729
广 东	Guangdong	1044667	258616	174567	421865	48422
广 西	Guangxi	196368	39335	28171	100040	2530
海 南	Hainan	51960	2695	7094	29016	6815
重 庆	Chongqing	177845	39302	25696	77428	8700
四 川	Sichuan	340080	49258	50596	168291	20727
贵 州	Guizhou	96747	20339	7536	48535	2110
云 南	Yunnan	113810	26244	8168	56075	3933
西 藏	Tibet	15966	2590	2694	6125	1014
陕 西	Shaanxi	136333	35129	6822	73794	6727
甘 肃	Gansu	61274	15929	8756	26142	4750
青 海	Qinghai	32113	15930	920	10347	2899
宁 夏	Ningxia	38031	8254	6006	13097	4757
新 疆	Xinjiang	117657	28500	19202	37426	17209

9-4 续表 continued

地 区	Region	用水人口（万人）Population with Access to Water Supply (10 000 persons)	人均日生活用水量（升）Per Capita Daily Water Consumption for Daily Use (liter)	供水普及率(%) Water Coverage Rate (%)
全 国	**National Total**	**55580.9**	**185.0**	**99.4**
北 京	Beijing	1893.1	163.3	98.8
天 津	Tianjin	1165.4	122.7	100.0
河 北	Hebei	1999.9	128.2	100.0
山 西	Shanxi	1234.7	138.3	99.5
内蒙古	Inner Mongolia	899.8	109.6	99.6
辽 宁	Liaoning	2250.7	154.7	99.7
吉 林	Jilin	1166.7	125.3	95.9
黑龙江	Heilongjiang	1379.4	120.6	99.2
上 海	Shanghai	2489.4	211.5	100.0
江 苏	Jiangsu	3628.5	226.1	100.0
浙 江	Zhejiang	3233.4	212.2	100.0
安 徽	Anhui	1941.6	190.2	99.8
福 建	Fujian	1479.1	231.1	99.9
江 西	Jiangxi	1243.3	200.2	99.2
山 东	Shandong	4080.7	126.1	99.9
河 南	Henan	2721.1	141.3	99.3
湖 北	Hubei	2466.2	190.3	99.9
湖 南	Hunan	1904.2	210.4	99.0
广 东	Guangdong	6530.4	250.5	100.0
广 西	Guangxi	1339.7	262.4	99.8
海 南	Hainan	314.1	315.1	95.7
重 庆	Chongqing	1588.4	178.5	96.3
四 川	Sichuan	3107.3	194.0	98.7
贵 州	Guizhou	892.1	172.4	98.4
云 南	Yunnan	1014.0	174.4	99.0
西 藏	Tibet	96.2	256.1	98.9
陕 西	Shaanxi	1369.5	161.3	98.2
甘 肃	Gansu	675.4	142.0	99.5
青 海	Qinghai	215.8	143.1	98.8
宁 夏	Ningxia	311.3	168.2	99.7
新 疆	Xinjiang	949.7	163.4	99.4

9-5 各地区城市节约用水情况(2021年)
Urban Water Saving by Region (2021)

地 区	Region	计划用水户实际用水量(万立方米) Actual Quantity of Water Used (10 000 cu.m)					
		合 计 Total	#工业 Industry	新水取用量 Water Used	#工业 Industry	重复利用量 Water Reused	#工业 Industry
全 国	**National Total**	**13591688**	**11472771**	**2559406**	**1112932**	**11032282**	**10359838**
北 京	Beijing	226042	23507	215268	16753	10774	6754
天 津	Tianjin	1045951	1031989	38197	24760	1007754	1007229
河 北	Hebei	204710	182356	37205	15193	167505	167163
山 西	Shanxi	418082	387879	36475	14725	381607	373154
内蒙古	Inner Mongolia	231747	212392	42650	23689	189098	188703
辽 宁	Liaoning	782883	741375	66297	37969	716587	703406
吉 林	Jilin	159248	152707	33379	26998	125869	125708
黑龙江	Heilongjiang	330962	236683	167001	72866	163961	163817
上 海	Shanghai	108157	38805	108157	38805		
江 苏	Jiangsu	2179497	1669296	334077	178267	1845420	1491029
浙 江	Zhejiang	924708	816241	191359	119084	733349	697157
安 徽	Anhui	677870	633576	89380	48057	588489	585519
福 建	Fujian	232481	195254	60044	26866	172436	168388
江 西	Jiangxi	116595	93549	30763	8035	85832	85514
山 东	Shandong	1321199	1145797	203175	113808	1118024	1031989
河 南	Henan	725735	685118	74325	41641	651410	643477
湖 北	Hubei	740231	673831	97809	53832	642422	619999
湖 南	Hunan	187159	141377	71537	28091	115622	113286
广 东	Guangdong	1281553	1164128	209164	95393	1072389	1068736
广 西	Guangxi	476374	284091	105270	17130	371104	266960
海 南	Hainan	76480	15871	63329	3335	13151	12536
重 庆	Chongqing	19851	13539	13539	7413	6311	6127
四 川	Sichuan	201806	153934	78190	36803	123616	117131
贵 州	Guizhou	89683	54229	37445	7238	52238	46991
云 南	Yunnan	114076	97080	27518	10880	86558	86200
西 藏	Tibet	1200		1200			
陕 西	Shaanxi	53020	19032	41343	9041	11678	9991
甘 肃	Gansu	509590	485443	47112	24464	462478	460979
青 海	Qinghai	2405	1015	924	421	1481	594
宁 夏	Ningxia	122450	115136	16622	9307	105828	105828
新 疆	Xinjiang	29942	7539	20653	2068	9289	5472

9-5 续表 continued

地　区	Region	重复利用率 (%) Reuse Rate (%)	#工业 Industry	节约用水量 (万立方米) Water Saved (10 000 cu.m)	#工业 Industry
全　国	**National Total**	**81.2**	**90.3**	**738645**	**519060**
北　京	Beijing	4.8	28.7	10181	1402
天　津	Tianjin	96.3	97.6	68	55
河　北	Hebei	81.8	91.7	5418	4236
山　西	Shanxi	91.3	96.2	14785	9655
内蒙古	Inner Mongolia	81.6	88.8	750	596
辽　宁	Liaoning	91.5	94.9	16318	8571
吉　林	Jilin	79.0	82.3	5925	5315
黑龙江	Heilongjiang	49.5	69.2	26744	20822
上　海	Shanghai			56067	1848
江　苏	Jiangsu	84.7	89.3	67982	52509
浙　江	Zhejiang	79.3	85.4	40037	28769
安　徽	Anhui	86.8	92.4	29545	26628
福　建	Fujian	74.2	86.2	17412	12456
江　西	Jiangxi	73.6	91.4	5768	5585
山　东	Shandong	84.6	90.1	39650	28700
河　南	Henan	89.8	93.9	21578	13090
湖　北	Hubei	86.8	92.0	46581	41728
湖　南	Hunan	61.8	80.1	113280	109926
广　东	Guangdong	83.7	91.8	128235	89683
广　西	Guangxi	77.9	94.0	8901	4084
海　南	Hainan	17.2	79.0	2307	180
重　庆	Chongqing	31.8	45.3	1886	1008
四　川	Sichuan	61.3	76.1	29892	19518
贵　州	Guizhou	58.2	86.7	22065	21360
云　南	Yunnan	75.9	88.8	3902	236
西　藏	Tibet				
陕　西	Shaanxi	22.0	52.5	6948	3473
甘　肃	Gansu	90.8	95.0	4861	3107
青　海	Qinghai	61.6	58.5	311	311
宁　夏	Ningxia	86.4	91.9	4432	2161
新　疆	Xinjiang	31.0	72.6	6814	2045

9-6 各地区城市污水排放和处理情况(2021年)
Urban Waste Water Discharged and Treated by Region (2021)

地区	Region	城市污水排放量(万立方米) Waste Water Discharged (10 000 cu.m)	污水处理厂(座) Waste Water Treatment Plants (unit)	#二、三级处理 Secondary & Tertiary Treatment	污水处理厂污水处理能力(万立方米/日) Treatment Capacity (10 000 cu.m/day)	#二、三级处理 Secondary & Tertiary Treatment	污水处理厂污水处理量(万立方米) Volume of Waste Water Treated (10 000 cu.m)
全　国	**National Total**	**6250763**	**2827**	**2640**	**20767.2**	**19733.2**	**6015749**
北　京	Beijing	211927	75	75	707.9	707.9	202581
天　津	Tianjin	118750	44	44	342.5	342.5	114038
河　北	Hebei	153849	96	94	690.6	675.6	152425
山　西	Shanxi	107799	49	41	355.1	312.7	105739
内蒙古	Inner Mongolia	64201	40	40	246.1	246.1	62830
辽　宁	Liaoning	324784	137	95	1029.5	810.6	318013
吉　林	Jilin	137790	51	37	457.2	375.0	134478
黑龙江	Heilongjiang	130546	73	73	432.4	432.4	121636
上　海	Shanghai	233201	42	42	857.3	857.3	225939
江　苏	Jiangsu	515351	215	211	1596.2	1562.2	472710
浙　江	Zhejiang	386870	115	115	1317.3	1317.3	375015
安　徽	Anhui	228288	96	96	772.3	772.3	219407
福　建	Fujian	162744	63	61	525.8	518.2	154056
江　西	Jiangxi	126146	79	67	439.9	345.9	122516
山　东	Shandong	364625	229	229	1444.0	1444.0	358254
河　南	Henan	254096	121	113	1008.8	934.8	252084
湖　北	Hubei	322900	110	106	930.1	901.6	292767
湖　南	Hunan	259188	99	85	789.4	707.0	255239
广　东	Guangdong	923690	343	327	2889.2	2790.2	904176
广　西	Guangxi	167459	73	70	505.6	497.1	152008
海　南	Hainan	41134	27	24	125.5	113.6	40862
重　庆	Chongqing	150294	85	80	448.9	422.4	148151
四　川	Sichuan	289696	196	189	930.0	917.4	272219
贵　州	Guizhou	101890	103	103	347.9	347.9	100160
云　南	Yunnan	122190	71	66	365.7	351.6	118415
西　藏	Tibet	10904	10	6	30.7	10.7	9106
陕　西	Shaanxi	167263	67	58	535.8	484.8	162417
甘　肃	Gansu	48746	30	29	170.4	167.2	47418
青　海	Qinghai	18090	14	14	62.4	62.4	17315
宁　夏	Ningxia	29345	23	20	120.6	108.1	28829
新　疆	Xinjiang	77007	51	30	292.6	197.0	74946

9-6 续表 continued

地 区 Region	污水处理装置 Waste Water Treatment Equipments		污水处理总能力（万立方米/日） Total Treatment Capacity (10 000 cu.m/day)	污 水 处理总量（万立方米） Total Volume of Waste Water Treated (10 000 cu.m)	市政再生水利 用 量（万立方米） Total Volume of Waste Water Recycled & Reused (10 000 cu.m)	城市污水处 理 率 (%) Waste Water Treatment Rate (%)	#污水处理厂集中处理率 Waste Water Treatment Concentration Rate
	处理能力（万立方米/日） Treatment Capacity (10 000 cu.m/day)	处理量（万立方米） Volume of Treatment (10 000 cu.m)					
全 国 National Total	**978.5**	**103207**	**21745.7**	**6118956**	**1610515**	**97.9**	**96.2**
北 京 Beijing	19.9	3391	727.8	205971	55159	97.2	95.6
天 津 Tianjin	3.4	934	345.9	114972	38772	96.8	96.0
河 北 Hebei			690.6	152425	75969	99.1	99.1
山 西 Shanxi	2.0	333	357.1	106073	24536	98.4	98.1
内蒙古 Inner Mongolia	1.5	1	247.6	62831	27709	97.9	97.9
辽 宁 Liaoning	11.5	1775	1041.0	319789	65136	98.5	97.9
吉 林 Jilin	0.2	6	457.4	134484	22809	97.6	97.6
黑龙江 Heilongjiang	36.9	4764	469.2	126399	18217	96.8	93.2
上 海 Shanghai			857.3	225939		96.9	96.9
江 苏 Jiangsu	219.5	27010	1815.7	499720	140598	97.0	91.7
浙 江 Zhejiang	21.5	3806	1338.8	378820	39752	97.9	96.9
安 徽 Anhui	37.4	2348	809.7	221755	99882	97.1	96.1
福 建 Fujian	42.4	5892	568.2	159948	35149	98.3	94.7
江 西 Jiangxi	6.8	1239	446.6	123755	2965	98.1	97.1
山 东 Shandong	5.7	515	1449.7	358769	170528	98.4	98.3
河 南 Henan	2.0	1	1010.8	252085	107241	99.2	99.2
湖 北 Hubei	71.3	22880	1001.4	315646	56188	97.8	90.7
湖 南 Hunan	15.0	393	804.4	255632	31478	98.6	98.5
广 东 Guangdong	40.5	4598	2929.7	908773	373256	98.4	97.9
广 西 Guangxi	369.4	14009	875.0	166016	30070	99.1	90.8
海 南 Hainan	0.5	123	125.9	40985	2942	99.6	99.3
重 庆 Chongqing	2.9	460	451.8	148611	1595	98.9	98.6
四 川 Sichuan	40.7	7072	970.7	279291	50811	96.4	94.0
贵 州 Guizhou	11.0	170	358.9	100330	4457	98.5	98.3
云 南 Yunnan	8.6	1489	374.3	119904	39446	98.1	96.9
西 藏 Tibet			30.7	9106		83.5	83.5
陕 西 Shaanxi			535.8	162417	39728	97.1	97.1
甘 肃 Gansu	8.0		178.4	47418	7328	97.3	97.3
青 海 Qinghai			62.4	17315	4041	95.7	95.7
宁 夏 Ningxia			120.6	28829	9018	98.2	98.2
新 疆 Xinjiang			292.6	74946	35740	97.3	97.3

9-7 各地区城市市容环境卫生情况(2021年)
Urban Environmental Sanitation by Region (2021)

地 区	Region	道路清扫保洁面积(万平方米) Area under Cleaning Program (10 000 sq.m)	生活垃圾清运量(万吨) Volume of Domestic Garbage Collected and Transported (10 000 tons)	无害化处理厂(座) Number of Harmless Treatment Plants/Grounds (unit)	卫生填埋 Sanitary Landfill	焚烧 Incineration	其他 Others
全 国	**National Total**	**1034211**	**24869.2**	**1407**	**542**	**583**	**282**
北 京	Beijing	17439	784.2	42	9	11	22
天 津	Tianjin	14361	335.7	19	1	13	5
河 北	Hebei	37331	788.1	62	27	28	7
山 西	Shanxi	25061	488.7	26	15	10	1
内蒙古	Inner Mongolia	25178	365.3	30	25	5	
辽 宁	Liaoning	45838	1029.8	48	27	13	8
吉 林	Jilin	18796	469.1	38	23	12	3
黑龙江	Heilongjiang	27553	521.9	46	30	12	4
上 海	Shanghai	19477	955.1	24	1	13	10
江 苏	Jiangsu	74920	1903.6	82	21	49	12
浙 江	Zhejiang	57717	1531.1	77	1	51	25
安 徽	Anhui	47682	714.9	52	12	25	15
福 建	Fujian	23281	905.3	37	6	23	8
江 西	Jiangxi	27592	567.5	31	8	17	6
山 东	Shandong	80294	1769.0	104	29	56	19
河 南	Henan	50624	1107.8	52	27	21	4
湖 北	Hubei	45681	1075.7	60	27	21	12
湖 南	Hunan	34431	868.5	46	26	11	9
广 东	Guangdong	123268	3288.6	182	41	73	68
广 西	Guangxi	29136	583.5	35	19	15	1
海 南	Hainan	9164	265.3	13	1	10	2
重 庆	Chongqing	24008	670.3	26	13	8	5
四 川	Sichuan	54194	1267.6	58	18	31	9
贵 州	Guizhou	18616	393.6	42	15	18	9
云 南	Yunnan	20622	546.9	37	21	15	1
西 藏	Tibet	4643	69.2	9	8	1	
陕 西	Shaanxi	24121	669.4	41	28	6	7
甘 肃	Gansu	14537	285.8	27	16	7	4
青 海	Qinghai	4073	120.5	12	10		2
宁 夏	Ningxia	9051	126.9	11	6	3	2
新 疆	Xinjiang	25523	400.3	38	31	5	2

9-7 续表 1 continued 1

地 区	Region	无害化处理量(万吨) Amount of Harmless Treated (10 000 tons)	卫生填埋 Sanitary Landfill	焚烧 Incineration	其他 Others	市容环卫专用车辆设备(辆) City Sanitation Special Vehicles (unit)
全 国	**National Total**	**24839.3**	**5208.5**	**18019.7**	**1611.1**	**327512**
北 京	Beijing	784.2	57.3	476.1	250.9	12215
天 津	Tianjin	335.7	0.1	309.8	25.8	5601
河 北	Hebei	788.1	175.8	572.6	39.6	13326
山 西	Shanxi	488.7	184.1	291.9	12.7	7040
内蒙古	Inner Mongolia	364.9	213.8	151.1		6828
辽 宁	Liaoning	1028.0	505.6	467.2	55.2	11763
吉 林	Jilin	469.1	160.3	298.6	10.2	8367
黑龙江	Heilongjiang	521.9	249.5	259.6	12.8	10177
上 海	Shanghai	955.1	80.6	734.9	139.5	10454
江 苏	Jiangsu	1903.6	90.9	1704.9	107.8	23037
浙 江	Zhejiang	1531.1	12.0	1374.0	145.1	12129
安 徽	Anhui	714.9	32.1	638.4	44.3	10872
福 建	Fujian	905.3	23.5	839.5	42.3	8842
江 西	Jiangxi	567.5	30.3	524.8	12.4	11192
山 东	Shandong	1769.0	76.2	1605.3	87.5	21853
河 南	Henan	1107.8	418.8	685.0	4.0	19357
湖 北	Hubei	1075.7	342.1	602.9	130.7	14777
湖 南	Hunan	868.5	333.1	483.2	52.2	7678
广 东	Guangdong	3288.6	529.6	2554.1	204.8	29047
广 西	Guangxi	583.5	270.3	312.6	0.6	10609
海 南	Hainan	265.3	2.8	243.7	18.8	15317
重 庆	Chongqing	647.7	108.8	458.7	80.2	5000
四 川	Sichuan	1267.5	150.5	1079.6	37.4	14446
贵 州	Guizhou	389.7	151.9	220.5	17.2	6112
云 南	Yunnan	546.9	167.9	371.8	7.2	5971
西 藏	Tibet	69.0	47.9	21.1		1419
陕 西	Shaanxi	669.4	267.1	383.4	18.9	5572
甘 肃	Gansu	285.8	113.3	154.5	18.0	5949
青 海	Qinghai	119.8	110.1		9.7	969
宁 夏	Ningxia	126.9	32.4	76.9	17.7	2862
新 疆	Xinjiang	400.3	269.8	123.0	7.5	8731

9-7 续表 2 continued 2

地区	Region	无害化处理能力（吨/日）Harmless Treatment Capacity (ton/day)	卫生填埋 Sanitary Landfill	焚烧 Incineration	其他 Others	生活垃圾无害化处理率（%）Rate of Domestic Garbage Harmless Treatment (%)
全　国	**National Total**	**1057064**	**261555**	**719533**	**75976**	**99.9**
北　京	Beijing	33861	7491	16950	9420	100.0
天　津	Tianjin	19750	400	18200	1150	100.0
河　北	Hebei	42704	9704	30750	2250	100.0
山　西	Shanxi	11611	5675	5836	100	100.0
内蒙古	Inner Mongolia	13247	8697	4550		99.9
辽　宁	Liaoning	37760	18657	17281	1822	99.8
吉　林	Jilin	21025	9195	11150	680	100.0
黑龙江	Heilongjiang	22629	12187	9642	800	100.0
上　海	Shanghai	33880	5000	22500	6380	100.0
江　苏	Jiangsu	83304	10978	67560	4766	100.0
浙　江	Zhejiang	80078	1000	72090	6988	100.0
安　徽	Anhui	35959	7296	26360	2303	100.0
福　建	Fujian	31746	2767	25859	3120	100.0
江　西	Jiangxi	22240	2745	18550	945	100.0
山　东	Shandong	73601	14639	55412	3550	100.0
河　南	Henan	42213	14028	28100	85	100.0
湖　北	Hubei	36144	11474	19886	4784	100.0
湖　南	Hunan	35346	14906	17850	2590	100.0
广　东	Guangdong	176736	40830	122701	13205	100.0
广　西	Guangxi	21724	7714	13900	110	100.0
海　南	Hainan	10785	500	9785	500	100.0
重　庆	Chongqing	23070	5170	14100	3800	96.6
四　川	Sichuan	44133	6414	36247	1472	100.0
贵　州	Guizhou	21926	6567	14150	1209	99.0
云　南	Yunnan	18660	4543	13917	200	100.0
西　藏	Tibet	2355	1655	700		99.7
陕　西	Shaanxi	28418	14918	11550	1950	100.0
甘　肃	Gansu	10567	3957	5700	910	100.0
青　海	Qinghai	2296	2126		170	99.4
宁　夏	Ningxia	5410	2403	2507	500	100.0
新　疆	Xinjiang	13886	7920	5750	217	100.0

9-7 续表 3 continued 3

地 区	Region	公共厕所数 (座) Number of Public Lavatories (unit)	#三类以上 Grade Ⅲ and Above	每万人拥有公厕 (座) Number of Public Lavatories per 10 000 Population (unit)
全 国	**National Total**	**184063**	**158111**	**3.29**
北 京	Beijing	6343	6343	3.31
天 津	Tianjin	4348	4006	3.73
河 北	Hebei	7429	6745	3.71
山 西	Shanxi	4197	3123	3.38
内蒙古	Inner Mongolia	6853	5209	7.58
辽 宁	Liaoning	5423	3882	2.40
吉 林	Jilin	4724	3705	3.88
黑龙江	Heilongjiang	5997	3423	4.31
上 海	Shanghai	6289	3957	2.53
江 苏	Jiangsu	15284	14210	4.21
浙 江	Zhejiang	9636	8468	2.98
安 徽	Anhui	6685	5787	3.44
福 建	Fujian	6885	5566	4.65
江 西	Jiangxi	5435	4866	4.33
山 东	Shandong	9104	8549	2.23
河 南	Henan	12273	11781	4.48
湖 北	Hubei	6447	5732	2.61
湖 南	Hunan	5018	3769	2.61
广 东	Guangdong	13585	13064	2.08
广 西	Guangxi	1987	1854	1.48
海 南	Hainan	934	925	2.85
重 庆	Chongqing	4917	3869	2.98
四 川	Sichuan	9603	8059	3.05
贵 州	Guizhou	3968	3227	4.38
云 南	Yunnan	5860	5713	5.72
西 藏	Tibet	875	158	9.00
陕 西	Shaanxi	6475	6183	4.64
甘 肃	Gansu	2986	2326	4.40
青 海	Qinghai	774	661	3.54
宁 夏	Ningxia	948	885	3.04
新 疆	Xinjiang	2781	2066	2.91

9-8 各地区城市燃气情况(2021年)
Supply of Gas in Cities by Region (2021)

地 区	Region	人工煤气 Coal Gas				
		生产能力（万立方米/日）Production Capacity (10 000 cu.m/day)	供气管道长度（公里）Length of Gas Supply Pipeline (km)	供气总量（万立方米）Total Gas Supply (10 000 cu.m)	#家庭用量 Domestic Consumption	用气人口（万人）Population Covered (10 000 persons)
全 国	**National Total**	**970.0**	**9165.0**	**187234**	**42792**	**455.8**
北 京	Beijing					
天 津	Tianjin					
河 北	Hebei	11.8	755.0	44627	619	0.1
山 西	Shanxi	220.0	810.4	51957	1852	22.1
内蒙古	Inner Mongolia		285.0	3305	2026	14.7
辽 宁	Liaoning	180.0	3880.7	30895	21161	239.2
吉 林	Jilin		344.5	3480	2249	42.0
黑龙江	Heilongjiang		210.5	1877	1547	31.2
上 海	Shanghai					
江 苏	Jiangsu					
浙 江	Zhejiang					
安 徽	Anhui					
福 建	Fujian					
江 西	Jiangxi	3.0	381.5	13823	623	3.2
山 东	Shandong	139.0	10.0	12001		
河 南	Henan	15.0	235.4	2440	0	0.0
湖 北	Hubei		589.1			
湖 南	Hunan					
广 东	Guangdong					
广 西	Guangxi	9.6	492.3	5359	3793	37.5
海 南	Hainan					
重 庆	Chongqing					
四 川	Sichuan		833.8	14581	6340	45.0
贵 州	Guizhou					
云 南	Yunnan					
西 藏	Tibet					
陕 西	Shaanxi					
甘 肃	Gansu	345.6	276.0	2085	1777	14.0
青 海	Qinghai					
宁 夏	Ningxia					
新 疆	Xinjiang	46.0	60.8	805	804	6.7

9-8 续表 1 continued 1

地 区	Region	天然气 Natural Gas 供气管道长度(公里) Length of Gas Supply Pipeline (km)	供气总量(万立方米) Total Gas Supply (10 000 cu.m)	#家庭用量 Domestic Consumption	用气人口(万人) Population Covered (10 000 persons)
全 国	**National Total**	**929087.7**	**17210612**	**4119858**	**44195.5**
北 京	Beijing	30303.5	1906214	175571	1475.4
天 津	Tianjin	51721.8	676481	110393	1114.7
河 北	Hebei	42194.4	643803	220158	1821.2
山 西	Shanxi	25808.8	322327	95806	1156.4
内蒙古	Inner Mongolia	11890.7	226858	85423	660.1
辽 宁	Liaoning	30833.7	349878	75185	1695.8
吉 林	Jilin	13744.6	224297	44775	895.8
黑龙江	Heilongjiang	12447.8	174588	43839	986.8
上 海	Shanghai	33222.3	952305	183477	1930.3
江 苏	Jiangsu	109013.6	1588946	331132	3305.5
浙 江	Zhejiang	58806.0	991958	125574	2168.2
安 徽	Anhui	34565.4	451842	134921	1799.9
福 建	Fujian	15931.4	318907	31162	931.9
江 西	Jiangxi	20714.5	234841	69132	924.7
山 东	Shandong	80059.8	1304043	308536	3762.7
河 南	Henan	28419.5	673385	232025	2337.2
湖 北	Hubei	48406.9	612816	170583	2062.6
湖 南	Hunan	26256.2	320921	133264	1477.1
广 东	Guangdong	46128.0	1466360	187684	3840.1
广 西	Guangxi	12984.8	191610	47016	770.7
海 南	Hainan	5640.2	37629	19534	261.9
重 庆	Chongqing	24266.3	579515	241321	1567.9
四 川	Sichuan	75349.7	971628	437839	2923.0
贵 州	Guizhou	9938.2	160265	49306	548.9
云 南	Yunnan	9760.4	60919	19407	522.6
西 藏	Tibet	6165.9	4559	2363	38.1
陕 西	Shaanxi	28699.7	589725	223520	1285.0
甘 肃	Gansu	4625.1	265957	64648	572.4
青 海	Qinghai	4665.9	179738	49430	181.8
宁 夏	Ningxia	7565.6	130274	49957	287.3
新 疆	Xinjiang	18957.4	598025	156874	889.6

9-8 续表 2 continued 2

地 区	Region	液化石油气 Liquefied Petroleum Gas				燃气普及率 (%) Gas Coverage Rate (%)
		供气管道长度(公里) Length of Gas Supply Pipeline (km)	供气总量(吨) Total Gas Supply (ton)	#家庭用量 Domestic Consumption	用气人口(万人) Population Covered (10 000 persons)	
全 国	**National Total**	**2910.0**	**8606841**	**4936380**	**10180.5**	**98.0**
北 京	Beijing	206.0	428603	104844	440.7	100.0
天 津	Tianjin		88464	44482	50.7	100.0
河 北	Hebei	107.6	85597	63022	174.3	99.8
山 西	Shanxi	4.3	64652	50381	36.1	97.9
内蒙古	Inner Mongolia	0.2	67866	49470	209.5	97.9
辽 宁	Liaoning	263.3	521734	98305	274.9	97.9
吉 林	Jilin	29.8	138236	44320	216.0	94.9
黑龙江	Heilongjiang	109.9	168760	87214	264.8	92.2
上 海	Shanghai	263.2	276367	148318	559.1	100.0
江 苏	Jiangsu	120.0	569194	328700	320.1	99.9
浙 江	Zhejiang	281.4	886555	585899	1065.1	100.0
安 徽	Anhui	208.2	160115	82192	135.4	99.5
福 建	Fujian	187.9	307295	174854	538.6	99.3
江 西	Jiangxi		202237	160628	310.3	98.8
山 东	Shandong	0.9	268776	173675	295.4	99.3
河 南	Henan	4.2	156278	133508	338.4	97.7
湖 北	Hubei	118.7	268728	167975	378.7	98.9
湖 南	Hunan		253838	192654	397.4	97.5
广 东	Guangdong	810.1	2510196	1568929	2576.5	98.3
广 西	Guangxi	2.1	312278	211375	526.9	99.5
海 南	Hainan		80884	73167	64.3	99.4
重 庆	Chongqing		64141	36607	52.4	98.2
四 川	Sichuan	170.9	216456	94941	122.5	98.1
贵 州	Guizhou		111357	47108	268.5	90.2
云 南	Yunnan	15.6	168999	62296	281.6	78.5
西 藏	Tibet	1.4	8579	7843	28.1	68.1
陕 西	Shaanxi	0.3	82073	47698	93.0	98.8
甘 肃	Gansu		45209	28827	71.4	96.9
青 海	Qinghai		17041	6536	24.5	94.5
宁 夏	Ningxia	0.4	17514	14935	18.0	97.8
新 疆	Xinjiang	3.6	58820	45677	47.3	98.8

9-9 各地区城市集中供热情况(2021年)
Central Heating in Cities by Region (2021)

地 区	Region	供热能力 Heating Capacity		供热总量 Total Heating Supply	
		蒸 汽 (吨/小时) Steam (ton/hour)	热 水 (兆瓦) Hot Water (megawatts)	蒸 汽 (万吉焦) Steam (10 000 gigajoules)	热 水 (万吉焦) Hot Water (10 000 gigajoules)
全 国	**National Total**	**118784**	**593226**	**68164**	**357715**
北 京	Beijing		50971		19614
天 津	Tianjin	1875	31714	958	15846
河 北	Hebei	6303	50856	5090	30282
山 西	Shanxi	17975	30415	10662	17881
内蒙古	Inner Mongolia	2612	50852	1935	37389
辽 宁	Liaoning	18284	72608	11058	54210
吉 林	Jilin	1704	46800	945	28915
黑龙江	Heilongjiang	8934	54657	4394	41824
上 海	Shanghai				
江 苏	Jiangsu	6208	10	1749	3
浙 江	Zhejiang				
安 徽	Anhui	2877	280	3887	5
福 建	Fujian				
江 西	Jiangxi				
山 东	Shandong	29767	70816	14200	40522
河 南	Henan	6281	26756	3367	15355
湖 北	Hubei	1993		1599	38
湖 南	Hunan				
广 东	Guangdong				
广 西	Guangxi				
海 南	Hainan				
重 庆	Chongqing				
四 川	Sichuan				
贵 州	Guizhou		357		57
云 南	Yunnan		377		76
西 藏	Tibet		46		110
陕 西	Shaanxi	7210	30527	3655	10570
甘 肃	Gansu	1100	19117	675	12108
青 海	Qinghai		4918		5421
宁 夏	Ningxia	2004	7776	986	6034
新 疆	Xinjiang	3656	43372	3002	21456

9-9 续表 continued

地 区	Region	管道长度（公里） Length of Pipelines (km)	供热面积（万平方米） Heated Area (10 000 sq.m)	#住 宅 Housing
全 国	**National Total**	**461493**	**1060316**	**805725**
北 京	Beijing	65376	68378	46597
天 津	Tianjin	35145	56716	43908
河 北	Hebei	43786	96740	76065
山 西	Shanxi	23320	77839	57286
内蒙古	Inner Mongolia	24761	64916	45513
辽 宁	Liaoning	61256	140521	105470
吉 林	Jilin	34762	72163	51682
黑龙江	Heilongjiang	23653	85756	61860
上 海	Shanghai			
江 苏	Jiangsu	404	2950	2950
浙 江	Zhejiang			
安 徽	Anhui	785	2555	1519
福 建	Fujian			
江 西	Jiangxi			
山 东	Shandong	88076	172859	145771
河 南	Henan	15371	64003	55086
湖 北	Hubei	618	1955	1639
湖 南	Hunan			
广 东	Guangdong			
广 西	Guangxi			
海 南	Hainan			
重 庆	Chongqing			
四 川	Sichuan	25	19	
贵 州	Guizhou	46	176	91
云 南	Yunnan	461	115	50
西 藏	Tibet	300	184	55
陕 西	Shaanxi	4756	49252	40048
甘 肃	Gansu	12822	28365	19877
青 海	Qinghai	2105	10370	6212
宁 夏	Ningxia	7226	15138	11425
新 疆	Xinjiang	16439	49347	32622

9-10 各地区城市园林绿化情况(2021年)
Area of Parks & Green Land in Cities by Region (2021)

单位：公顷 (hectare)

地 区	Region	绿化覆盖面积 Green Covered Area	#建成区 Built District	绿地面积 Area of Parks and Green Space	#建成区 Built District	公园绿地面积 Area of Public Recreational Green Space
全 国	**National Total**	**3906766**	**2732400**	**3479788**	**2492509**	**835659**
北 京	Beijing	97847	97847	93127	93127	36397
天 津	Tianjin	49835	47363	46072	43693	11353
河 北	Hebei	120998	97796	101483	89514	30274
山 西	Shanxi	63157	55477	56597	50566	16951
内蒙古	Inner Mongolia	76442	53339	70793	49109	18032
辽 宁	Liaoning	221290	112620	147670	106269	30356
吉 林	Jilin	103528	65237	94452	58196	16481
黑龙江	Heilongjiang	81606	68703	73045	61775	18914
上 海	Shanghai	176531	46863	171215	44807	22463
江 苏	Jiangsu	345866	212293	314448	196245	56620
浙 江	Zhejiang	205424	139735	183218	126435	41603
安 徽	Anhui	144928	108424	127602	99276	28190
福 建	Fujian	88051	78691	80850	72483	22219
江 西	Jiangxi	86527	81241	79564	75010	20338
山 东	Shandong	308569	244015	272462	220602	73314
河 南	Henan	145972	134460	128190	118211	41318
湖 北	Hubei	128738	119297	113284	108353	36124
湖 南	Hunan	97765	87173	97624	79165	24263
广 东	Guangdong	580823	282527	532886	256361	115853
广 西	Guangxi	86553	67557	76105	59444	18529
海 南	Hainan	20144	16706	18443	15171	4251
重 庆	Chongqing	82291	70035	73383	64705	27504
四 川	Sichuan	159111	144964	139518	127880	43252
贵 州	Guizhou	117609	49608	99356	47249	14509
云 南	Yunnan	59949	53224	53238	48156	13250
西 藏	Tibet	6753	6506	6372	6133	1296
陕 西	Shaanxi	84057	63774	76176	57466	17998
甘 肃	Gansu	35665	33666	31168	30363	10102
青 海	Qinghai	9221	8683	8721	8207	2797
宁 夏	Ningxia	28948	20810	27111	19653	6397
新 疆	Xinjiang	92568	63767	85614	58886	14709

注：1. 北京市各项数据为该市调查面积内数据，全国城市人均公园绿地面积、建成区绿化覆盖率和建成区绿地率作适当修正

Note: a)All the data for Beijing in the Table are those for the areas surveyed in the city, and the public recreational green space per capita, green coverage rate of built district and green space rate of built district of national total have been revised appropriatel

9-10 续表 continued

地 区	Region	人均公园绿地面积(平方米) Public Recreational Green Space per Capita (sq.m)	建成区绿化覆盖率(%) Green Coverage Rate of Built District (%)	建成区绿地率(%) Green Space Rate of Built District (%)	公园个数(个) Number of Parks (unit)	公园面积(公顷) Area of Parks (hectare)
全 国	**National Total**	**14.9**	**42.4**	**38.7**	**22062**	**647962**
北 京	Beijing	16.6	49.3	46.9	360	36397
天 津	Tianjin	9.7	38.3	35.3	166	3310
河 北	Hebei	15.1	42.9	39.3	893	22118
山 西	Shanxi	13.7	43.7	39.9	395	13404
内蒙古	Inner Mongolia	20.0	42.0	38.6	400	15248
辽 宁	Liaoning	13.4	41.7	39.4	674	22136
吉 林	Jilin	13.5	41.1	36.7	423	12702
黑龙江	Heilongjiang	13.6	37.4	33.6	444	12631
上 海	Shanghai	9.0	37.7	36.1	434	3651
江 苏	Jiangsu	15.6	43.7	40.4	1243	34943
浙 江	Zhejiang	12.9	41.5	37.6	1699	23619
安 徽	Anhui	14.5	44.1	40.4	619	20547
福 建	Fujian	15.0	44.3	40.8	776	16955
江 西	Jiangxi	16.2	46.9	43.3	782	16059
山 东	Shandong	17.9	43.0	38.9	1420	50067
河 南	Henan	15.1	41.6	36.5	633	19939
湖 北	Hubei	14.6	42.8	38.9	651	21092
湖 南	Hunan	12.6	42.2	38.3	656	17507
广 东	Guangdong	17.7	42.9	38.9	4657	164065
广 西	Guangxi	13.8	40.2	35.4	414	15937
海 南	Hainan	13.0	40.8	37.0	132	2590
重 庆	Chongqing	16.7	42.6	39.3	536	16192
四 川	Sichuan	13.7	43.0	38.0	879	26629
贵 州	Guizhou	16.0	41.8	39.8	401	14977
云 南	Yunnan	12.9	42.5	38.5	1031	11005
西 藏	Tibet	13.3	38.2	36.0	156	1061
陕 西	Shaanxi	12.9	41.8	37.6	410	11798
甘 肃	Gansu	14.9	36.3	32.7	206	6819
青 海	Qinghai	12.8	34.8	32.9	65	1773
宁 夏	Ningxia	20.5	42.0	39.7	113	3649
新 疆	Xinjiang	15.4	41.0	37.9	394	9143

9-11 各地区城市公共交通情况(2021年)
Urban Public Transportation by Region (2021)

地 区	Region	公共汽电车 Bus and Trolley Bus			城市轨道交通 Subways, Light Rail, Streetcar		
		运营车数(辆) Number of Bus in Operation (unit)	运营线路总长度(公里) Length of Routes in Operation (km)	客运总量(万人次) Total Passenger Traffic (10 000 person-times)	配属车辆数(辆) Number of Attached Vehicles (unit)	运营里程(公里) Length in Operation (km)	客运总量(万人次) Total Passenger Traffic (10 000 person-times)
全 国	**National Total**	**709443**	**1593829**	**4891570**	**57286**	**8736**	**2372692**
北 京	Beijing	23079	28580	229634	7098	783	306621
天 津	Tianjin	13258	27713	67323	1448	272	46379
河 北	Hebei	31888	82017	110051	486	74	9202
山 西	Shanxi	16963	48766	117448	144	23	3919
内蒙古	Inner Mongolia	12233	47334	72412	312	49	5377
辽 宁	Liaoning	24112	41253	238302	1653	407	56058
吉 林	Jilin	11979	31657	114855	893	124	20553
黑龙江	Heilongjiang	19977	47324	135430	522	78	7239
上 海	Shanghai	17637	25180	146693	7227	831	356997
江 苏	Jiangsu	53365	113079	307542	4627	947	155748
浙 江	Zhejiang	45683	149165	238410	3615	649	117476
安 徽	Anhui	28301	73315	148263	1290	200	27371
福 建	Fujian	20633	43403	159501	1080	157	28862
江 西	Jiangxi	15604	51781	94061	816	129	25602
山 东	Shandong	67125	187331	308625	1629	377	30389
河 南	Henan	36929	57246	172793	1638	249	44949
湖 北	Hubei	24910	38513	217860	3124	479	101270
湖 南	Hunan	32903	52634	227396	894	162	58790
广 东	Guangdong	67683	131583	410330	7311	1138	508358
广 西	Guangxi	14322	36351	76692	876	128	28876
海 南	Hainan	4949	12838	19737	14	8	107
重 庆	Chongqing	15023	29159	221052	2248	370	109709
四 川	Sichuan	33468	57156	310246	4622	558	180098
贵 州	Guizhou	11586	27611	163917	498	74	8974
云 南	Yunnan	16797	55040	110337	792	153	21906
西 藏	Tibet	874	3253	8482			
陕 西	Shaanxi	18617	27747	161773	2094	253	102303
甘 肃	Gansu	10298	21828	123341	173	38	6500
青 海	Qinghai	3969	15041	38320			
宁 夏	Ningxia	3837	10341	29072			
新 疆	Xinjiang	11441	19593	111675	162	27	3062

资料来源：交通运输部。

注：2021年起，城市公共交通数据统计范围为城市和县城。

Source: Ministry of Transport.

Note: Since 2021，the statistical scope of urban public transport data will cover cities and counties.

9-11 续表 continued

地 区 Region	巡游出租汽车 Taxi		客运轮渡 Ferry	
	运营车数（辆） Number of Taxi in Operation (unit)	客运总量（万人次） Total Passenger Traffic (10 000 person-times)	运营船数（艘） Number of Ferry in Operation (unit)	客运总量（万人次） Total Passenger Traffic (10 000 person-times)
全 国 National Total	**1391315**	**2669048**	**196**	**5053**
北 京 Beijing	79600	21451		
天 津 Tianjin	31779	7740		
河 北 Hebei	71265	81514		
山 西 Shanxi	42041	73348		
内蒙古 Inner Mongolia	67967	135652		
辽 宁 Liaoning	92706	201855		
吉 林 Jilin	68569	167188		
黑龙江 Heilongjiang	98998	225765	24	139
上 海 Shanghai	35317	36115	35	1225
江 苏 Jiangsu	54504	77469	12	289
浙 江 Zhejiang	43838	65790	3	29
安 徽 Anhui	55298	117927		
福 建 Fujian	22015	47148	22	1451
江 西 Jiangxi	17482	41095		
山 东 Shandong	70263	96469		
河 南 Henan	63511	123833		
湖 北 Hubei	43589	108162	25	525
湖 南 Hunan	35043	111446	6	3
广 东 Guangdong	58031	100383	57	1276
广 西 Guangxi	20665	22185		
海 南 Hainan	6333	9875		
重 庆 Chongqing	24478	73532	12	116
四 川 Sichuan	45976	154997		
贵 州 Guizhou	45310	147362		
云 南 Yunnan	31163	64038		
西 藏 Tibet	2357	9247		
陕 西 Shaanxi	38592	92084		
甘 肃 Gansu	39281	75390		
青 海 Qinghai	14092	27157		
宁 夏 Ningxia	16653	38533		
新 疆 Xinjiang	54599	114299		

9-12 主要城市道路交通噪声监测情况(2021年)
Monitoring of Urban Road Traffic Noise in Main Cities (2021)

城 市	City	路段总长度 (米) Total Length of Roads (m)	超70dB(A)路段长度 (米) Roads above 70dB(A) (m)	超70dB(A)路段长度百分比 (%) Percentage of Roads above 70dB(A) (%)	路段平均路宽 (米) Average Width of Roads (m)	噪声等效声级 dB(A) Equivalent Noise Level dB(A)
北 京	Beijing	962700	365739	38.0	33	69.0
天 津	Tianjin	499600	76291	15.3	29	66.8
石家庄	Shijiazhuang	399200	125282	31.4	19	68.0
太 原	Taiyuan	134700	4700	3.5	41	66.2
呼和浩特	Hohhot	239900	49629	20.7	36	67.5
沈 阳	Shenyang	144000	66900	46.5	40	69.9
长 春	Changchun	279700	110121	39.4	29	69.6
哈尔滨	Harbin	346100	84685	24.5	28	67.4
上 海	Shanghai	197900	68870	34.8	32	68.4
南 京	Nanjing	280200	28164	10.1	30	67.0
杭 州	Hangzhou	744500	121860	16.4	32	66.5
合 肥	Hefei	591700	126100	21.3	35	67.0
福 州	Fuzhou	335300	115580	34.5	27	68.1
南 昌	Nanchang	463900	51347	11.1	32	65.9
济 南	Jinan	191300	80352	42.0	51	68.8
郑 州	Zhengzhou	465700	137108	29.4	45	68.7
武 汉	Wuhan	225200	141922	63.0	26	71.0
长 沙	Changsha	408100	147241	36.1	36	68.6
广 州	Guangzhou	1019700	360746	35.4	28	69.2
南 宁	Nanning	166500	36239	21.8	55	68.0
海 口	Haikou	437500	70885	16.2	38	68.0
重 庆	Chongqing	527100	76200	14.5	23	66.0
成 都	Chengdu	663700	115700	17.4	43	68.3
贵 阳	Guiyang	649600	271870	41.8	35	69.8
昆 明	Kunming	710700	103877	14.6	33	64.9
拉 萨	Lhasa	53000	5800	11.0	20	68.5
西 安	Xi'an	202000	61732	30.6	38	68.7
兰 州	Lanzhou	236000	11139	4.7	29	66.7
西 宁	Xining	294900	117081	39.7	36	68.5
银 川	Yinchuan	198800	26990	13.6	37	66.7
乌鲁木齐	Urumqi	378400	24893	6.6	27	64.9

资料来源：生态环境部(下表同)。
Source: Ministry of Ecology and Environment (the same as in the following table).

9-13 主要城市区域环境噪声监测及声源构成情况(2021年)
Monitoring of Urban Environment Noise and the Composition by Sources in Main Cities (2021)

单位：%，dB(A) (%, dB(A))

城　　市	City	区域环境噪声等效声级 Urban Environment Noise Equivalent Noise Level	交通噪声 Traffic Noise		工业噪声 Industry Noise	
			所占比例 Percentage of Total	平均声级 Average Noise Value	所占比例 Percentage of Total	平均声级 Average Noise Value
北　京	Beijing	53.7	15.7	57.8	5.4	57.4
天　津	Tianjin	54.0	13.5	58.4	13.8	55.7
石家庄	Shijiazhuang	52.2	5.2	49.7	0.2	51.1
太　原	Taiyuan	52.0	17.2	54.6	2.6	52.8
呼和浩特	Hohhot	51.7	14.8	57.5	4.6	57.7
沈　阳	Shenyang	54.1	14.2	56.6	0.8	56.5
长　春	Changchun	54.9	25.8	62.7	3.3	55.4
哈尔滨	Harbin	56.6	23.3	63.5	5.7	55.9
上　海	Shanghai	54.0	13.7	56.0	9.2	55.5
南　京	Nanjing	53.5	33.9	54.1	15.2	54.3
杭　州	Hangzhou	55.8	16.1	58.4	2.6	54.6
合　肥	Hefei	58.9	20.3	60.2	23.6	59.3
福　州	Fuzhou	56.7	19.4	61.3	6.9	57.4
南　昌	Nanchang	54.7	36.6	57.0	55.7	53.0
济　南	Jinan	54.9	6.2	53.8	4.1	55.4
郑　州	Zhengzhou	55.1	14.3	58.5	1.5	56.3
武　汉	Wuhan	57.7	32.6	61.6	8.4	62.0
长　沙	Changsha	54.3	36.4	57.9	2.3	54.9
广　州	Guangzhou	56.2	28.3	59.3	13.8	55.6
南　宁	Nanning	56.1	26.3	61.3	5.3	60.4
海　口	Haikou	59.6	34.2	64.4	3.4	59.4
重　庆	Chongqing	52.2	11.0	55.1	9.4	54.2
成　都	Chengdu	57.0	9.2	61.3	31.1	58.9
贵　阳	Guiyang	55.3	35.8	57.2	4.9	55.5
昆　明	Kunming	52.0	16.8	55.0	3.1	52.2
拉　萨	Lhasa	60.5				
西　安	Xi'an	56.2	19.0	57.7	2.5	53.3
兰　州	Lanzhou	52.5	26.8	54.8	5.2	54.8
西　宁	Xining	53.1	13.3	53.3	5.5	55.8
银　川	Yinchuan	52.4	21.0	53.5	12.1	53.7
乌鲁木齐	Urumqi	54.5	29.5	56.2	6.2	56.1

9-13 续表 continued

单位：%，dB(A) (%, dB(A))

城　市	City	施工噪声 Construction Noise 所占比例 Percentage of Total	施工噪声 Construction Noise 平均声级 Average Noise Value	生活噪声 Household Noise 所占比例 Percentage of Total	生活噪声 Household Noise 平均声级 Average Noise Value
北　京	Beijing	1.6	57.7	77.3	52.5
天　津	Tianjin	1.2	57.6	71.5	52.8
石家庄	Shijiazhuang			94.5	52.3
太　原	Taiyuan	3.0	53.0	77.2	51.3
呼和浩特	Hohhot	3.7	60.1	76.9	49.8
沈　阳	Shenyang	2.5	58.4	82.5	53.5
长　春	Changchun	3.3	61.0	67.5	51.6
哈尔滨	Harbin	2.9	62.3	68.1	54.1
上　海	Shanghai	0.4	58.8	76.7	53.5
南　京	Nanjing	0.6	54.4	50.3	52.8
杭　州	Hangzhou	4.5	56.9	76.8	55.2
合　肥	Hefei	3.5	58.1	52.6	58.2
福　州	Fuzhou	3.4	57.7	70.3	55.4
南　昌	Nanchang	6.6	56.7	1.1	53.5
济　南	Jinan	1.4	54.0	88.2	55.0
郑　州	Zhengzhou	1.5	60.8	82.7	54.3
武　汉	Wuhan	10.6	60.3	48.3	53.8
长　沙	Changsha	8.5	54.5	52.7	51.7
广　州	Guangzhou	5.1	58.2	52.9	54.5
南　宁	Nanning	3.5	57.8	64.9	53.6
海　口	Haikou	6.0	62.8	56.4	56.3
重　庆	Chongqing	0.6	50.0	79.0	51.6
成　都	Chengdu	3.6	61.8	59.1	55.0
贵　阳	Guiyang	4.9	56.3	54.3	53.9
昆　明	Kunming	2.4	56.6	77.6	51.3
拉　萨	Lhasa				
西　安	Xi'an	2.0	56.7	76.5	55.9
兰　州	Lanzhou	6.1	52.7	61.9	51.4
西　宁	Xining	7.0	58.4	74.2	52.3
银　川	Yinchuan	3.3	54.9	63.6	51.7
乌鲁木齐	Urumqi	2.7	56.6	61.6	53.4

十、农村环境

Rural Environment

10-1 全国农村环境情况(2000-2021年)
Rural Environment (2000-2021)

年 份 Year	农村改水累计受益人口(万人) Accumulative Benefiting Population from Drinking Water Improvement Projects (10 000 persons)	农村改水累计受益率(%) Proportion of Benefiting Population from Drinking Water Improvement (%)	累计使用卫生厕所户数(万户) Households with Access to Sanitation Lavatory (10 000 households)	卫生厕所普及率(%) Sanitation Lavatory Access Rate (%)	农村沼气池产气量(亿立方米) Production of Methane in Rural Areas (100 million cu.m)	太阳能热水器(万平方米) Water Heaters Using Solar Energy (10 000 sq.m)	太阳灶(台) Solar Kitchen Ranges (unit)
2000	88112	92.4	9572	44.8	25.9	1107.8	332390
2001	86113	91.0	11405	46.1	29.8	1319.4	388599
2002	86833	91.7	12062	48.7	37.0	1621.7	478426
2003	87387	92.7	12624	50.9	47.5	2464.8	526177
2004	88616	93.8	13192	53.1	55.7	2845.9	577625
2005	88893	94.1	13740	55.3	72.9	3205.6	685552
2006	86629	91.1	13873	55.0	83.6	3941.0	865238
2007	87859	92.1	14442	57.0	101.7	4286.4	1118763
2008	89447	93.6	15166	59.7	118.4	4758.7	1356755
2009	90251	94.3	16056	63.2	130.8	4997.1	1484271
2010	90834	94.9	17138	67.4	139.6	5488.9	1617233
2011	89971	94.2	18019	69.2	152.8	6231.9	2139454
2012	91208	95.3	18628	71.7	157.6	6801.8	2207246
2013	89938	95.6	19401	74.1	157.8	7294.6	2264356
2014	91511	95.8	19939	76.1	155.0	7782.9	2299635
2015			20684	78.4	153.9	8232.6	2325927
2016			21460	80.3	144.9	8623.7	2279387
2017			21701	81.7	123.8	8723.5	2222666
2018					112.2	8805.4	2135756
2019						8476.7	1835693
2020						8420.7	1706244
2021						8084.1	1334070

10-2 各地区农村可再生能源利用情况(2021年)
Use of Renewable Energy in Rural Area by Region (2021)

地 区	Region	户用沼气池数量(万个) Number of Household Biogas Digester (10 000 unit)	沼气工程数量(个) Number of Biogas Project (unit)	太阳能热水器(万平方米) Water Heaters Using Solar Energy (10 000 sq.m)	太阳房(万平方米) Solar Energy Houses (10 000 sq.m)	太阳灶(台) Solar Kitchen Ranges (unit)
全 国	**National**	**2311.01**	**93427**	**8104.2**	**1930.3**	**1334114**
北 京	Beijing	0.01	9	82.2	113.8	
天 津	Tianjin	1.66	102	38.1		
河 北	Hebei	48.44	845	601.8	289.9	5854
山 西	Shanxi	1.59	157	45.3	2.2	27265
内 蒙	Inner Mongolia	17.56	188	92.9	21.4	9395
辽 宁	Liaoning	28.98	645	123.5	123.5	151
吉 林	Jilin	0.03	64	69.0	289.4	360
黑龙江	Heilongjiang	16.33	1069	24.6	162.4	15
上 海	Shanghai		59			
江 苏	Jiangsu	61.93	3791	1114.9	0.6	
浙 江	Zhejiang	5.22	4246	543.8		40
安 徽	Anhui	59.93	2248	599.7	0.5	
福 建	Fujian	24.15	3145	33.3		
江 西	Jiangxi	150.00	7034	241.0	0.2	
山 东	Shandong	20.63	2411	1397.1	12.1	1042
河 南	Henan	83.41	2611	483.0		
湖 北	Hubei	257.02	8832	304.0		
湖 南	Hunan	160.99	18482	211.2	0.3	
广 东	Guangdong	3.65	15984	163.6	0.2	
广 西	Guangxi	389.99	1837	150.5		
海 南	Hainan	23.51	1900	389.2		
重 庆	Chongqing	129.35	5503	60.8		
四 川	Sichuan	496.06	7062	228.1	0.6	1157
贵 州	Guizhou	118.27	1462	84.0		
云 南	Yunnan	163.28	1778	645.8		
西 藏	Tibet	0.08	12			
陕 西	Shaanxi	12.22	882	13.5		62301
甘 肃	Gansu	13.94	459	167.1	404.6	829422
青 海	Qinghai	0.02	28	14.9	505.2	258259
宁 夏	Ningxia	19.82	116	141.1	3.5	138765
新 疆	Xinjiang	1.47	233	20.1		44

资料来源：农业农村部。
Source: Ministry of Agriculture and Rural Affairs.

10-3 各地区农用化肥施用情况(2021年)
Irrigated Area of Cultivated Land and Consumption of Chemical Fertilizers by Region (2021)

地 区	Region	农用化肥施用量(万吨) Consumption of Chemical Fertilizers (10 000 tons)	氮 肥 Nitrogenous Fertilizer	磷 肥 Phosphate Fertilizer	钾 肥 Potash Fertilizer	复合肥 Compound Fertilizer
全 国	**National Total**	**5191.3**	**1745.3**	**627.1**	**524.8**	**2294.0**
北 京	Beijing	6.3	2.1	0.3	0.3	3.6
天 津	Tianjin	15.7	4.8	1.8	1.2	7.9
河 北	Hebei	276.9	96.1	22.0	20.0	138.8
山 西	Shanxi	105.6	19.7	8.8	7.6	69.5
内蒙古	Inner Mongolia	241.9	87.6	46.7	19.9	87.7
辽 宁	Liaoning	135.0	43.8	8.6	10.6	72.0
吉 林	Jilin	223.0	42.8	5.0	12.3	162.9
黑龙江	Heilongjiang	239.0	75.9	47.6	32.4	83.0
上 海	Shanghai	6.6	2.5	0.3	0.2	3.6
江 苏	Jiangsu	275.6	131.3	26.5	15.5	102.2
浙 江	Zhejiang	68.3	23.7	3.9	5.1	35.5
安 徽	Anhui	284.7	79.4	21.3	22.3	161.7
福 建	Fujian	96.6	34.6	13.5	18.9	29.6
江 西	Jiangxi	108.6	28.2	14.0	14.9	51.5
山 东	Shandong	371.0	104.5	32.3	29.7	204.5
河 南	Henan	624.7	172.6	80.9	50.7	320.4
湖 北	Hubei	262.6	96.1	39.7	25.3	101.5
湖 南	Hunan	219.1	70.7	18.9	33.7	95.8
广 东	Guangdong	212.9	80.1	26.0	40.8	66.0
广 西	Guangxi	251.9	68.2	27.6	52.0	104.1
海 南	Hainan	40.8	10.9	2.7	7.4	19.7
重 庆	Chongqing	89.1	42.6	15.5	5.2	25.9
四 川	Sichuan	207.2	81.8	34.8	14.9	75.6
贵 州	Guizhou	76.0	30.9	8.5	6.8	29.8
云 南	Yunnan	187.3	86.5	24.8	21.2	54.8
西 藏	Tibet	4.3	1.2	0.6	0.3	2.3
陕 西	Shaanxi	200.7	78.1	17.3	23.1	82.3
甘 肃	Gansu	77.1	30.0	14.3	7.2	25.6
青 海	Qinghai	4.9	1.9	0.5	0.1	2.3
宁 夏	Ningxia	37.5	13.9	3.9	2.9	16.7
新 疆	Xinjiang	240.7	102.8	58.2	22.3	57.3

资料来源：国家统计局(下表同)。
Source: National Bureau of Statistics (the same as in the following table).

10-4 各地区农用塑料薄膜和农药使用量情况(2021年)
Use of Agricultural Plastic Film and Pesticide by Region (2021)

地 区	Region	农用塑料薄膜使用量 (吨) Use of Agricultural Plastic Film (ton)	地膜使用量 (吨) Use of Plastic Film for Covering Plants (ton)	地膜覆盖面积 (公顷) Area Covered by Plastic Film (hectare)	农药使用量 (吨) Use of Pesticide (ton)
全 国	**National Total**	**2357944**	**1320306**	**17282216**	**1239177**
北 京	Beijing	7174	1606	9589	2334
天 津	Tianjin	7139	2480	32683	1742
河 北	Hebei	102039	49383	752263	52691
山 西	Shanxi	47890	31114	612430	23594
内蒙古	Inner Mongolia	100260	89138	1708493	26692
辽 宁	Liaoning	114384	38745	293077	43386
吉 林	Jilin	47651	24149	160940	45139
黑龙江	Heilongjiang	61009	18229	185782	57090
上 海	Shanghai	11712	2949	11870	2384
江 苏	Jiangsu	105775	34879	496753	63547
浙 江	Zhejiang	69687	20005	124583	34563
安 徽	Anhui	102605	41542	451629	75993
福 建	Fujian	46304	25031	124131	41689
江 西	Jiangxi	52196	31679	128758	51629
山 东	Shandong	259678	91599	1610536	108230
河 南	Henan	140352	59210	806403	97432
湖 北	Hubei	57268	20836	377906	90468
湖 南	Hunan	79094	49927	582699	91114
广 东	Guangdong	43027	23528	138024	77440
广 西	Guangxi	45404	30494	396865	64233
海 南	Hainan	34246	16296	59145	18729
重 庆	Chongqing	41159	22276	231221	16038
四 川	Sichuan	116968	77674	853730	40974
贵 州	Guizhou	44224	22447	374146	7048
云 南	Yunnan	117326	89935	1062169	41104
西 藏	Tibet	1753	1349	4673	485
陕 西	Shaanxi	44294	21493	417254	11643
甘 肃	Gansu	170728	121677	1391372	28107
青 海	Qinghai	7159	6275	69377	1069
宁 夏	Ningxia	17958	13916	207484	2204
新 疆	Xinjiang	261479	240447	3606232	20388

附录一、资源环境主要统计指标

APPENDIX Ⅰ Main Indicators of Resource & Environment Statistics

附录1　资源环境主要统计指标
Main Indicators of Resources & Environment Statistics

指　标	Indicator	2019	2020	2021
1.土地资源	**Land Resource**			
耕地面积　（万公顷）	Cultivated Land　(10 000 hectares)	12786.2		
人均耕地面积　（亩）	Cultivated Land per Capita　(mu)	1.36		
2.水资源	**Water Resource**			
水资源总量　（亿立方米）	Water Resources　(100 million cu.m)	29041.0	31605.2	29638.2
人均水资源量　（立方米/人）	Per Capita Water Resources　(cu.m/person)	2062.9	2239.8	2098.5
用水总量　（亿立方米）	Water Use　(100 million cu.m)	6021.2	5812.9	5920.2
#工业用水量	Industry	1217.6	1030.4	1049.6
人均用水量　（立方米/人）	Per Capita Water Use　(cu.m/person)	427.7	411.9	419.2
3.森林资源	**Forest Resource**			
森林面积　（万公顷）	Forest Area　(10 000 hectares)	22044.6		
森林覆盖率　（%）	Forest Coverage Rate　(%)	22.96		
活立木总蓄积量　（亿立方米）	Total Stock Volume of Living Trees　(100 million cu.m)	190.1		
森林蓄积量　（亿立方米）	Stock Volume of Forest　(100 million cu.m)	175.6		
4.能源	**Energy**			
一次能源生产总量　（万吨标准煤）	Total Primary Energy Production　(10 000 tce)	397317	407295	427115
人均能源生产量（千克标准煤/人）	Per Capita Energy Production　(kgce/person)	2822	2886	3024
能源消费总量　（万吨标准煤）	Total Energy Consumption　(10 000 tce)	487488	498314	525896
人均能源消费量（千克标准煤/人）	Per Capita Energy Consumption　(kgce/person)	3463	3531	3724
能源生产弹性系数	Elasticity Ratio of Energy Production	0.82	1.14	0.58
能源消费弹性系数	Elasticity Ratio of Energy Consumption	0.55	1.00	0.65
电力生产弹性系数	Elasticity Ratio of Electricity Production	0.78	1.68	1.15
电力消费弹性系数	Elasticity Ratio of Electricity Consumption	0.78	1.68	1.17
万元国内生产总值能源消费量　（吨标准煤/万元）	Energy Consumption per 10000 yuan of GDP　(tce/10 000 yuan)		0.49	0.48
5.污染物排放	**Pollutant Discharge**			
化学需氧量排放量　（万吨）	COD Discharge　(10 000 tons)	567.1	2564.8	2531.0
氨氮排放量　（万吨）	Ammonia Nitrogen Discharge　(10 000 tons)	46.3	98.4	86.8
二氧化硫排放量　（万吨）	Sulphur Dioxide Emission　(10 000 tons)	457.3	318.2	274.8
氮氧化物排放量　（万吨）	Nitrogen Oxides Emission　(10 000 tons)	1233.9	1019.7	988.4
一般工业固体废物综合利用量　（万吨）	Common Industry Solid Wastes Utilized　(10 000 tons)	232079	203798	226659
城市生活垃圾清运量　（万吨）	Volume of Domestic Garbage Collected and Transported　(10 000 tons)	24206	23512	24869

注：1.森林资源相关数据为第九次全国森林资源清查(2014—2018)数据。
　　2.2020年生态环境部对排放源统计调查的部分调查范围、指标及方式方法进行了修订，废水污染物排放总量与之前年份不可比。
　　3.2020年和2021年万元国内生产总值能源消费量按2020年可比价国内生产总值计算。

Notes: a) Data of forest resource are the figures of the Ninth National Forestry Survey (2014-2018).
b) In 2020, the scope, indicators and method of the survey of emission sources were revised by the Ministry of Ecology and Environment. The data of pollutants discharged in waste water are not comparable to the data of previous years.
c) The energy consumption per 10000 yuan of GDP of 2020 and 2021 are calculated at 2020 constant prices.

附录二、东中西部地区主要环境指标

APPENDIX II Main Environmental Indicators by Eastern, Central & Western

附录2-1　东中西部地区水资源情况(2021年)

Water Resources by Eastern,Central & Western (2021)

单位：亿立方米　　(100 million cu.m)

区　域 Area	地　区 Region		水资源总　量 Total Amount of Water Resources	地表水 Surface Water Resources	地下水 Ground Water Resources	地表水与地下水重复量 Duplicated Amount of Surface Water and Groundwater	人均水资源量（立方米/人） Water Resources per Capita (cu.m/person)
	全　国	**National Total**	**29638.2**	**28310.5**	**8195.7**	**6868.0**	**2098.5**
	东部小计	**Eastern Total**	**5223.9**	**4786.4**	**1557.6**	**1120.1**	**924.3**
	北　京	Beijing	61.3	31.6	47.5	17.8	280.0
	天　津	Tianjin	39.8	30.5	11.0	1.7	288.4
	河　北	Hebei	376.6	227.6	220.2	71.2	505.1
	上　海	Shanghai	53.9	45.6	11.2	2.9	216.6
东　部	江　苏	Jiangsu	500.8	442.5	135.3	77.0	589.8
Eastern	浙　江	Zhejiang	1344.7	1323.3	261.8	240.4	2067.5
	福　建	Fujian	758.7	757.3	238.7	237.3	1817.7
	山　东	Shandong	525.3	381.8	237.7	94.2	516.6
	广　东	Guangdong	1221.2	1211.3	301.3	291.4	965.1
	海　南	Hainan	341.6	334.9	92.9	86.2	3362.2
	中部小计	**Central Total**	**6179.5**	**5865.4**	**1678.0**	**1363.9**	**1695.6**
	山　西	Shanxi	207.9	155.9	113.7	61.7	596.6
	安　徽	Anhui	883.3	798.0	211.7	126.4	1445.9
中　部	江　西	Jiangxi	1419.7	1400.6	332.0	312.9	3142.3
Central	河　南	Heinan	689.2	556.9	257.0	124.7	695.3
	湖　北	Hubei	1188.8	1170.4	326.2	307.8	2054.1
	湖　南	Hunan	1790.6	1783.6	437.4	430.4	2699.3
	西部小计	**Western Total**	**16067.5**	**15798.4**	**4296.3**	**4027.2**	**4195.8**
	内蒙古	Inner Mongolia	942.9	788.8	238.6	84.5	3926.3
	广　西	Guangxi	1541.2	1540.5	349.2	348.5	3065.2
	重　庆	Chongqing	750.8	750.8	129.4	129.4	2338.6
	四　川	Sichuan	2924.5	2923.4	625.9	624.8	3493.4
	贵　州	Guizhou	1091.4	1091.4	263.7	263.7	2831.1
西　部	云　南	Yunnan	1615.8	1615.8	562.9	562.9	3433.5
Western	西　藏	Tibet	4408.9	4408.9	993.5	993.5	120461.7
	陕　西	Shaanxi	852.5	810.9	200.0	158.4	2155.8
	甘　肃	Gansu	279.0	268.2	120.0	109.2	1118.0
	青　海	Qinghai	842.2	824.4	362.5	344.7	14190.4
	宁　夏	Ningxia	9.3	7.5	16.4	14.6	128.6
	新　疆	Xinjiang	809.0	767.8	434.2	393.0	3124.2
	东北小计	**Northeast Total**	**2167.2**	**1860.5**	**663.7**	**357.0**	**2216.6**
东　北	辽　宁	Liaoning	511.7	460.0	150.8	99.1	1206.3
Northeast	吉　林	Jilin	459.2	380.0	166.2	87.0	1923.8
	黑龙江	Heilongjiang	1196.3	1020.5	346.7	170.9	3800.2

资料来源：水利部。
Source:Ministry of Water Resource.

附录2-2 东中西部地区废水排放情况(2021年)
Discharge of Waste Water by Eastern, Central & Western (2021)

单位：吨 (ton)

区 域 Area	地 区 Region	化学需氧量排放总量 COD Discharged	工业 Industry	农业 Agriculture	生活 Domestic	集中式污染治理设施 Centralized Pollution Control Facilities
	全 国 National Total	**25309798**	**422917**	**16759847**	**8117563**	**9472**
	东部小计 Eastern Total	**7380285**	**235405**	**4219598**	**2920612**	**4671**
	北 京 Beijing	48705	1414	12977	34302	12
	天 津 Tianjin	155237	2780	118788	33625	46
	河 北 Hebei	1535327	13990	1147071	374171	95
	上 海 Shanghai	75136	8636	8204	58179	117
东 部	江 苏 Jiangsu	1194923	62855	733722	398054	292
Eastern	浙 江 Zhejiang	498708	43647	82370	372473	218
	福 建 Fujian	556889	18744	186704	351308	133
	山 东 Shandong	1562795	41921	1043566	477179	129
	广 东 Guangdong	1580827	37456	790437	749338	3596
	海 南 Hainan	171738	3961	95761	71984	33
	中部小计 Central Total	**7516474**	**80159**	**5169543**	**2265738**	**1034**
	山 西 Shanxi	616140	4515	453542	158053	31
	安 徽 Anhui	1200447	14657	745248	440372	169
中 部	江 西 Jiangxi	1095684	18763	716068	360533	319
Central	河 南 Heinan	1518451	15237	981585	521462	166
	湖 北 Hubei	1567538	13506	1140988	412899	145
	湖 南 Hunan	1518215	13481	1132112	372419	203
	西部小计 Western Total	**7599849**	**82641**	**5022489**	**2491644**	**3074**
	内蒙古 Inner Mongolia	767149	6167	642783	118108	90
	广 西 Guangxi	958214	12910	489202	455497	605
	重 庆 Chongqing	338201	8899	202542	126684	76
	四 川 Sichuan	1358216	17604	742936	597309	367
	贵 州 Guizhou	1183540	3912	952179	226861	587
西 部	云 南 Yunnan	694335	8774	418749	266224	587
Western	西 藏 Tibet	137149	130	94717	42231	71
	陕 西 Shaanxi	507436	7121	220296	279747	272
	甘 肃 Gansu	661348	2960	559763	98324	301
	青 海 Qinghai	79432	1757	20951	56678	47
	宁 夏 Ningxia	245018	2619	213857	28497	44
	新 疆 Xinjiang	669811	9788	464513	195484	27
	东北小计 Northeast Total	**2813191**	**24711**	**2348217**	**439569**	**694**
东 北	辽 宁 Liaoning	1198614	10854	1020525	167062	173
Northeast	吉 林 Jilin	763218	6915	630255	125740	308
	黑龙江 Heilongjiang	851359	6942	697437	146767	213

资料来源：生态环境部(以下各表同)。

Source:Ministry of Ecology and Environment (the same as in the following tables).

附录2-2 续表 continued

单位：吨 (ton)

区 域 Area	地 区 Region		氨氮排放总量 Ammona Nitrogen Discharged	工业 Industry	农业 Agriculture	生活 Domestic	集中式污染治理设施 Centralized Pollution Control Facilities
	全　国	**National Total**	**867512**	**17109**	**268825**	**580370**	**1208**
	东部小计	**Eastern Total**	**291439**	**7339**	**83662**	**200173**	**265**
东 部 Eastern	北　京	Beijing	2192	26	201	1965	0
	天　津	Tianjin	2487	82	1162	1235	8
	河　北	Hebei	37074	684	14310	22071	8
	上　海	Shanghai	2947	192	260	2492	3
	江　苏	Jiangsu	43341	2185	15923	25219	14
	浙　江	Zhejiang	34980	642	5891	28436	10
	福　建	Fujian	38177	650	11468	26047	12
	山　东	Shandong	46436	1372	16556	28502	6
	广　东	Guangdong	77198	1403	16219	59379	196
	海　南	Hainan	6607	102	1672	4826	6
	中部小计	**Central Total**	**260194**	**4425**	**95376**	**160198**	**196**
中 部 Central	山　西	Shanxi	14027	157	5432	8431	6
	安　徽	Anhui	43321	772	15783	26741	26
	江　西	Jiangxi	47049	1380	16664	28930	74
	河　南	Heinan	43310	741	12522	30016	30
	湖　北	Hubei	54969	731	20502	33713	22
	湖　南	Hunan	57518	643	24472	32365	37
	西部小计	**Western Total**	**273850**	**4150**	**66094**	**202974**	**632**
西 部 Western	内蒙古	Inner Mongolia	15805	287	8680	6825	12
	广　西	Guangxi	53238	480	16569	36050	139
	重　庆	Chongqing	19550	411	3634	15498	8
	四　川	Sichuan	64878	1234	10702	52876	66
	贵　州	Guizhou	25613	307	6884	18285	137
	云　南	Yunnan	26189	369	6919	18778	123
	西　藏	Tibet	4069	5	430	3619	15
	陕　西	Shaanxi	27122	297	2892	23884	49
	甘　肃	Gansu	6023	133	2992	2832	65
	青　海	Qinghai	5589	90	281	5211	7
	宁　夏	Ningxia	2533	84	1175	1265	9
	新　疆	Xinjiang	23241	453	4935	17851	2
	东北小计	**Northeast Total**	**42030**	**1195**	**23693**	**17025**	**116**
东 北 Northeast	辽　宁	Liaoning	16013	392	9005	6587	30
	吉　林	Jilin	11338	305	6270	4708	55
	黑龙江	Heilongjiang	14679	498	8418	5731	31

附录2-3 东中西部地区废气排放情况(2021年)
Emission of Waste Gas by Eastern,Central & Western (2021)

单位：吨 (ton)

区 域 Area	地 区	Region	二氧化硫排放总量 Total Volume of Sulphur Dioxide Emission	工业 Industry	生活及其他 Domestic and Other	集中式污染治理设施 Centralized Pollution Control Facilities
	全 国	**National Total**	**2747810**	**2096584**	**648616**	**2610**
东 部 Eastern	**东部小计**	**Eastern Total**	**650816**	**536489**	**112939**	**1388**
	北 京	Beijing	1422	1004	415	3
	天 津	Tianjin	8510	8138	345	27
	河 北	Hebei	170654	127399	43067	187
	上 海	Shanghai	5766	5535	220	10
	江 苏	Jiangsu	88576	84088	4122	366
	浙 江	Zhejiang	43325	42229	906	190
	福 建	Fujian	65064	56626	8215	223
	山 东	Shandong	165340	125102	40168	70
	广 东	Guangdong	97894	82106	15479	309
	海 南	Hainan	4266	4262	0	4
中 部 Central	**中部小计**	**Central Total**	**556900**	**412649**	**143820**	**432**
	山 西	Shanxi	146959	103813	43096	50
	安 徽	Anhui	85504	81701	3711	92
	江 西	Jiangxi	87511	71379	16047	85
	河 南	Heinan	59958	53615	6325	18
	湖 北	Hubei	92111	51660	40419	31
	湖 南	Hunan	84857	50480	34222	154
西 部 Western	**西部小计**	**Western Total**	**1204147**	**943953**	**259686**	**509**
	内蒙古	Inner Mongolia	224779	157044	67665	71
	广 西	Guangxi	74316	69324	4863	129
	重 庆	Chongqing	50615	41733	8856	25
	四 川	Sichuan	135792	105531	30208	53
	贵 州	Guizhou	143085	110766	32212	107
	云 南	Yunnan	173147	117115	55996	35
	西 藏	Tibet	2240	1146	1094	0
	陕 西	Shaanxi	81120	55788	25279	53
	甘 肃	Gansu	84673	66481	18188	3
	青 海	Qinghai	40805	39335	1467	3
	宁 夏	Ningxia	60292	59634	657	1
	新 疆	Xinjiang	133283	120054	13200	29
东 北 Northeast	**东北小计**	**Northeast Total**	**335947**	**203493**	**132172**	**282**
	辽 宁	Liaoning	163342	102056	61090	196
	吉 林	Jilin	62286	43654	18576	56
	黑龙江	Heilongjiang	110319	57784	52506	30

附录2-3 续表 1 continued 1

单位：吨 (ton)

区 域 Area	地 区 Region		氮氧化物排放总量 Nitrogen Oxides Emission	工业 Industry	生活及其他 Domestic and Other	机动车 Motor Vehicle	集中式污染治理设施 Centralized Pollution Control Facilities
	全 国	**National Total**	**9883783**	**3688711**	**358851**	**5820971**	**15249**
东 部 Eastern	**东部小计**	**Eastern Total**	**3786630**	**1218350**	**99187**	**2461163**	**7929**
	北 京	Beijing	82050	9590	8333	64118	8
	天 津	Tianjin	107247	24821	3697	78622	107
	河 北	Zhejiang	822429	257299	38065	526026	1039
	上 海	Shanghai	135700	21481	4765	109056	398
	江 苏	Jiangsu	528873	172773	8357	345389	2355
	浙 江	Zhejiang	380521	113811	2739	263240	730
	福 建	Fujian	245092	139900	2730	101679	783
	山 东	Shandong	816836	244099	19073	553307	357
	广 东	Guangdong	629566	216301	10712	400410	2143
	海 南	Hainan	38315	18275	714	19317	9
中 部 Central	**中部小计**	**Central Total**	**2315844**	**758488**	**65799**	**1489200**	**2357**
	山 西	Shanxi	428267	173682	16192	238124	268
	安 徽	Anhui	445837	139269	12264	293918	386
	江 西	Jiangxi	324175	142163	5405	176419	189
	河 南	Heinan	498122	98370	6602	393097	53
	湖 北	Hubei	357604	110918	13107	233388	191
	湖 南	Hunan	261840	94086	12230	154253	1270
西 部 Western	**西部小计**	**Western Total**	**2735478**	**1321665**	**133345**	**1277045**	**3424**
	内蒙古	Inner Mongolia	433482	252199	39962	141015	305
	广 西	Guangxi	301218	137822	1980	160628	788
	重 庆	Chongqing	157557	70029	6530	80952	46
	四 川	Sichuan	349729	145956	21365	182178	230
	贵 州	Guizhou	223659	117519	4711	100640	789
	云 南	Yunnan	320112	140415	11720	167829	148
	西 藏	Tibet	44272	4015	241	40016	0
	陕 西	Shaanxi	249732	108646	14990	125293	804
	甘 肃	Gansu	184550	79838	10534	94156	21
	青 海	Qinghai	65725	25683	5282	34745	15
	宁 夏	Ningxia	122915	84050	1806	37046	13
	新 疆	Xinjiang	282529	155493	14224	112548	265
东 北 Northeast	**东北小计**	**Northeast Total**	**1045831**	**390209**	**60520**	**593563**	**1539**
	辽 宁	Liaoning	544806	208080	20913	314747	1066
	吉 林	Jilin	222572	85402	9416	127385	369
	黑龙江	Heilongjiang	278453	96727	30191	151431	105

附录2-3 续表 2 continued 2

单位：吨 (ton)

区 域 Area	地 区	Region	颗粒物排放总量 Particulate Matter Emission	工业 Industry	生活及其他 Domestic and Other	机动车 Motor Vehicle	集中式污染治理设施 Centralized Pollution Control Facilities
	全 国	**National Total**	**5373754**	**3252712**	**2051754**	**68278**	**1011**
	东部小计	**Eastern Total**	**1029963**	**589584**	**413461**	**26362**	**555**
	北 京	Beijing	5418	2180	2800	437	1
	天 津	Tianjin	12840	8189	3743	897	11
	河 北	Zhejiang	349819	128098	216622	4936	163
	上 海	Shanghai	9780	7557	1301	913	9
东 部	江 苏	Jiangsu	126490	105601	17076	3697	116
Eastern	浙 江	Zhejiang	71620	65738	2811	3015	56
	福 建	Fujian	93097	75289	16514	1213	81
	山 东	Shandong	216931	102853	107774	6276	28
	广 东	Guangdong	134655	85209	44754	4603	89
	海 南	Hainan	9312	8869	66	376	2
	中部小计	**Central Total**	**880430**	**505157**	**357232**	**17853**	**187**
	山 西	Shanxi	295873	185331	108132	2403	6
	安 徽	Anhui	117327	76227	37819	3224	57
中 部	江 西	Jiangxi	109686	75178	32263	2190	55
Central	河 南	Heinan	72655	55802	11985	4862	6
	湖 北	Hubei	134713	50343	81221	3109	40
	湖 南	Hunan	150174	62276	85811	2064	23
	西部小计	**Western Total**	**2670002**	**1864737**	**790901**	**14158**	**206**
	内蒙古	Inner Mongolia	961159	620790	338569	1782	18
	广 西	Guangxi	87850	76058	9809	1919	64
	重 庆	Chongqing	58037	46178	10910	941	8
	四 川	Sichuan	192115	142165	47952	1976	22
	贵 州	Guizhou	115912	78751	35862	1279	20
西 部	云 南	Yunnan	248150	152912	93459	1763	15
Western	西 藏	Tibet	8335	6068	1689	579	0
	陕 西	Shaanxi	231501	157591	72864	1015	32
	甘 肃	Gansu	131226	57013	72981	1230	1
	青 海	Qinghai	56700	41476	14990	230	4
	宁 夏	Ningxia	65312	61590	3412	309	0
	新 疆	Xinjiang	513705	424145	88404	1135	20
	东北小计	**Northeast Total**	**793360**	**293233**	**490159**	**9904**	**63**
东 北	辽 宁	Liaoning	273085	115373	153098	4570	44
Northeast	吉 林	Jilin	169458	92711	74416	2319	13
	黑龙江	Heilongjiang	350816	85149	262646	3015	6

附录2-4　东中西部地区固体废物产生和利用情况(2021年)

Generation and Utilization of Solid Wastes by Eastern,Central & Western (2021)

单位：万吨　　(10 000 tons)

区　域 Area	地　区	Region	一般工业固体废物产生量 Common Industrial Solid Wastes Generated	一般工业固体废物综合利用量 Common Industrial Solid Wastes Utilized	一般工业固体废物处置量 Common Industrial Solid Wastes Disposed	危险废物产生量 Hazardous Wastes Generated	危险废物利用处置量 Hazardous Wastes Utilized and Disposed
	全　国	**National Total**	**397006**	**226659**	**88876**	**8653.6**	**8461.2**
	东部小计	**Eastern Total**	**103921**	**76697**	**10861**	**3461.2**	**3503.7**
	北　京	Beijing	194	114	80	26.2	26.3
	天　津	Tianjin	1927	1921	5	71.6	71.7
	河　北	Hebei	40899	22320	6365	480.9	479.6
	上　海	Shanghai	2073	1947	126	140.2	140.1
东　部	江　苏	Jiangsu	13051	12350	699	573.5	574.6
Eastern	浙　江	Zhejiang	5315	5336	22	505.5	507.0
	福　建	Fujian	6665	5588	784	173.3	172.3
	山　东	Shandong	25233	20027	1625	967.1	1008.2
	广　东	Guangdong	7905	6652	938	504.2	504.5
	海　南	Hainan	658	441	217	18.5	19.3
	中部小计	**Central Total**	**103651**	**61417**	**27049**	**1426.7**	**1431.4**
	山　西	Shanxi	45901	18585	21664	377.5	376.0
	安　徽	Anhui	14508	13594	813	237.3	233.5
中　部	江　西	Jiangxi	11533	5586	657	187.1	184.7
Central	河　南	Heinan	16647	13061	1376	271.9	282.7
	湖　北	Hubei	10217	6843	2013	144.6	142.3
	湖　南	Hunan	4846	3748	526	208.3	212.1
	西部小计	**Western Total**	**151487**	**69159**	**40499**	**3189.6**	**2961.9**
	内蒙古	Inner Mongolia	41211	13814	16118	609.5	607.6
	广　西	Guangxi	9386	4296	1367	378.4	407.1
	重　庆	Chongqing	2267	1884	271	97.2	98.2
	四　川	Sichuan	14435	6151	2351	482.7	497.6
	贵　州	Guizhou	10911	7828	1624	73.5	74.4
西　部	云　南	Yunnan	17845	9196	4861	304.4	302.4
Western	西　藏	Tibet	1930	172	15	0.1	0.1
	陕　西	Shaanxi	13050	6463	5010	214.3	225.9
	甘　肃	Gansu	6262	2990	1986	197.0	178.1
	青　海	Qinghai	15753	8379	173	344.0	120.1
	宁　夏	Ningxia	7857	3555	4243	112.2	115.5
	新　疆	Xinjiang	10581	4430	2481	376.3	334.7
	东北小计	**Northeast Total**	**37948**	**19387**	**10467**	**576.1**	**564.3**
东　北	辽　宁	Liaoning	24610	13139	7539	212.6	203.4
Northeast	吉　林	Jilin	5022	2639	1540	245.4	245.4
	黑龙江	Heilongjiang	8316	3609	1388	118.1	115.5

附录2-5　东中西部地区城镇环境基础设施建设投资情况(2021年)
Investment in Urban Environmental Infrastructure by Eastern,Central & Western (2021)

单位：万元　　(10 000 yuan)

区　域 Area	地　区 Region		投资总额 Total Investment	燃气 Gas Supply	集中供热 Central Heating	排水 Sewerage Projects	园林绿化 Gardening & Greening	市容环境卫生 Sanitation
	全　国	**National Total**	**65782796**	**3051501**	**5582929**	**27147391**	**20031098**	**9969877**
	东部小计	**Eastern Total**	**27245174**	**1343163**	**2257222**	**10908535**	**8483991**	**4252263**
	北　京	Beijing	2195863	132161	294232	572900	1016026	180544
	天　津	Tianjin	406949	14575	26666	161886	104959	98863
	河　北	Hebei	3657128	109137	693760	1155385	916752	782094
	上　海	Shanghai	1259338	115946		717799	192461	233132
东　部	江　苏	Jiangsu	4229827	166388	13131	1671125	1922517	456666
Eastern	浙　江	Zhejiang	3790177	158235	9800	1374984	1828039	419119
	福　建	Fujian	2007258	153805		1002785	505217	345451
	山　东	Shandong	5041214	155659	1219633	1530685	1550288	584949
	广　东	Guangdong	4398527	318326		2613872	385103	1081226
	海　南	Hainan	258893	18931		107114	62629	70219
	中部小计	**Central Total**	**18679534**	**843754**	**1123755**	**7620598**	**6607669**	**2483758**
	山　西	Shanxi	1227003	25217	614458	294414	152121	140793
	安　徽	Anhui	3057511	240952	42364	1419689	966853	387653
中　部	江　西	Jiangxi	3322602	125026		1727380	1064401	405795
Central	河　南	Heinan	5667609	141877	445618	1310721	2773672	995721
	湖　北	Hubei	3005685	85333	20315	1350598	1265387	284052
	湖　南	Hunan	2399124	225349	1000	1517796	385235	269744
	西部小计	**Western Total**	**17079594**	**621746**	**1532652**	**7736298**	**4488715**	**2700183**
	内蒙古	Inner Mongolia	1123116	16116	518733	292552	170668	125047
	广　西	Guangxi	1521118	85002		825371	299834	310911
	重　庆	Chongqing	2063093	37034		888047	726081	411931
	四　川	Sichuan	4720372	73756	21308	2394644	1594410	636254
	贵　州	Guizhou	1255021	93214	4680	642671	127696	386760
西　部	云　南	Yunnan	1402702	77218		794322	303188	227974
Western	西　藏	Tibet	129742	23837	85	42096	45620	18104
	陕　西	Shaanxi	2311014	112999	252800	898855	814918	231442
	甘　肃	Gansu	865108	31486	177771	415537	134885	105429
	青　海	Qinghai	147759	6544	28372	75917	21422	15504
	宁　夏	Ningxia	361573	12883	94828	152379	37506	63977
	新　疆	Xinjiang	1178976	51657	434075	313907	212487	166850
	东北小计	**Northeast Total**	**2778494**	**242838**	**669300**	**881960**	**450723**	**533673**
东　北	辽　宁	Liaoning	1049848	143111	204810	332523	141534	227870
Northeast	吉　林	Jilin	634073	78129	79281	262897	157897	55869
	黑龙江	Heilongjiang	1094573	21598	385209	286540	151292	249934

资料来源：生态环境部、住房和城乡建设部。
Source: Ministry of Ecology and Environment, Ministry of Housing and Urban-Rural Development.

附录2-6　东中西部地区城市环境情况(2021年)
Urban Environment by Eastern,Central & Western (2021)

区　域 Area	地　区 Region		城市污水排放量(万立方米) Waste Water Discharged (10 000 cu.m)	城市污水处理率(%) Waste Water Treatment Rate (%)	城市燃气普及率(%) Gas Coverage Rate (%)	生活垃圾无害化处理率(%) Rate of Domestic Garbage Harmless Treatment (%)
	全　国	**National Total**	**6250763**	**97.9**	**98.0**	**99.9**
	东部小计	**Eastern Total**	**3112141**	**97.9**	**99.4**	**100.0**
东　部 Eastern	北　京	Beijing	211927	97.2	100.0	100.0
	天　津	Tianjin	118750	96.8	100.0	100.0
	河　北	Hebei	153849	99.1	99.8	100.0
	上　海	Shanghai	233201	96.9	100.0	100.0
	江　苏	Jiangsu	515351	97.0	99.9	100.0
	浙　江	Zhejiang	386870	97.9	100.0	100.0
	福　建	Fujian	162744	98.3	99.3	100.0
	山　东	Shandong	364625	98.4	99.3	100.0
	广　东	Guangdong	923690	98.4	98.3	100.0
	海　南	Hainan	41134	99.6	99.4	100.0
	中部小计	**Central Total**	**1298416**	**98.2**	**98.3**	**100.0**
中　部 Central	山　西	Shanxi	107799	98.4	97.9	100.0
	安　徽	Anhui	228288	97.1	99.5	100.0
	江　西	Jiangxi	126146	98.1	98.8	100.0
	河　南	Heinan	254096	99.2	97.7	100.0
	湖　北	Hubei	322900	97.8	98.9	100.0
	湖　南	Hunan	259188	98.6	97.5	100.0
	西部小计	**Western Total**	**1247086**	**97.6**	**95.9**	**99.5**
西　部 Western	内蒙古	Inner Mongolia	64201	97.9	97.9	99.9
	广　西	Guangxi	167459	99.1	99.5	100.0
	重　庆	Chongqing	150294	98.9	98.2	96.6
	四　川	Sichuan	289696	96.4	98.1	100.0
	贵　州	Guizhou	101890	98.5	90.2	99.0
	云　南	Yunnan	122190	98.1	78.5	100.0
	西　藏	Tibet	10904	83.5	68.1	99.7
	陕　西	Shaanxi	167263	97.1	98.8	100.0
	甘　肃	Gansu	48746	97.3	96.9	100.0
	青　海	Qinghai	18090	95.7	94.5	99.4
	宁　夏	Ningxia	29345	98.2	97.8	100.0
	新　疆	Xinjiang	77007	97.3	98.8	100.0
	东北小计	**Northeast Total**	**593119**	**97.9**	**95.5**	**99.9**
东　北 Northeast	辽　宁	Liaoning	324784	98.5	97.9	99.8
	吉　林	Jilin	137790	97.6	94.9	100.0
	黑龙江	Heilongjiang	130546	96.8	92.2	100.0

资料来源：住房和城乡建设部。
Source:Ministry of Housing and Urban-Rural Derelopment.

附录三、世界主要国家和地区环境统计指标

APPENDIX III Main Environmental Indicators of the World's Major Countries and Regions

附录3-1 水资源

国家或地区	Country or Area	最近年份 Latest Year Available	降水量（百万立方米） Precipitation (mio m^3)
阿尔巴尼亚	Albania	2019	36423
阿尔及利亚	Algeria	2017	330957
安道尔	Andorra	2019	551
安圭拉	Anguilla	2009	71
安提瓜和巴布达	Antigua and Barbuda	2019	276
亚美尼亚	Armenia	2019	13371
奥地利	Austria	2018	
阿塞拜疆	Azerbaijan	2019	33895
孟加拉国	Bangladesh	2015	410245
巴巴多斯	Barbados	1996	656
白俄罗斯	Belarus	2019	119200
比利时	Belgium	2019	25773
伯利兹	Belize	2005	49017
贝宁	Benin	2018	7052
百慕大	Bermuda	2019	75
玻利维亚	Bolivia (Plurinational State of)	2019	0
波黑	Bosnia and Herzegovina	2019	49252
博茨瓦纳	Botswana	2013	415355
巴西	Brazil	2017	13876311
英属维尔京群岛	British Virgin Islands	2005	163
保加利亚	Bulgaria	2019	63437
喀麦隆	Cameroon	2009	785944
中非共和国	Central African Republic	2007	900370
智利	Chile	1990	
中国香港	China, Hong Kong SAR	2015	2058
中国澳门	China, Macao SAR	2015	41
哥伦比亚	Colombia	2016	10
哥斯达黎加	Costa Rica	2017	157436
科特迪瓦	Côte d'Ivoire	1990	420000
克罗地亚	Croatia	2019	63712
古巴	Cuba	2017	163527
库拉索	Curaçao	2017	519
塞浦路斯	Cyprus	2019	4782
捷克	Czechia	2019	49609

资料来源：联合国统计司环境统计数据库。
Sources:UNSD Environment Statistics Data.

Water Resources

实际蒸发散量（百万立方米） Actual Evapotranspiration (mio m^3)	径流量（百万立方米） Internal Flow (mio m^3)	从邻国流入的地表和地下水径流量（百万立方米） Inflow of Surface and Ground Waters from Neighbouring Countries (mio m^3)	可再生淡水资源量（百万立方米） Renewable Fresh Water Resources (mio m^3)
19304	17119	16932	34051
185	367	44	411
10285	3086	1303	4389
39949	51128	20211	
29042	4853	11371	16224
74095	336150	1145000	1481150
96500	22700	14600	37300
15809	9963	14963	25056
36045	12972		12972
51	24		3
24984	24268	2000	26268
8998700	4877612	2715714	7593325
51917	11521	73349	84870
	940250		
1039	1020		1020
	10		
47609	109827		109827
40353	23359	86235	109594
96617	66910	20	66930
			519
4304	478		478
38883	10726	405	11131

附录3-1 续表 1

国家或地区	Country or Area	最近年份 Latest Year Available	降水量（百万立方米） Precipitation (mio m^3)
刚果	Democratic Republic of the Congo	2017	1110
丹麦	Denmark	2009	31588
多米尼加	Dominican Republic	2019	14884
厄瓜多尔	Ecuador		
埃及	Egypt	2015	1300
萨尔瓦多	El Salvador	2019	36542
爱沙尼亚	Estonia	2019	30284
芬兰	Finland	2019	239499
法国	France	2019	526594
冈比亚	Gambia		
格鲁吉亚	Georgia	2019	57979
德国	Germany	2018	
几内亚	Guinea		
匈牙利	Hungary	2019	58235
冰岛	Iceland		
印度	India	2013	4085000
印度尼西亚	Indonesia	2019	4067980
伊拉克	Iraq	2019	
爱尔兰	Ireland	2019	96163
牙买加	Jamaica	2017	23708
约旦	Jordan	2019	
哈萨克斯坦	Kazakhstan	2019	722099
科威特	Kuwait	2017	52
吉尔吉斯斯坦	Kyrgyzstan	2012	12506
拉脱维亚	Latvia	2019	41054
黎巴嫩	Lebanon	2009	8600
立陶宛	Lithuania	2019	40500
莱索托	Luxembourg		
马达加斯加	Madagascar	2007	888191
马来西亚	Malaysia	2019	881204
马尔代夫	Maldives	2012	502
马里	Mali	2017	403498
马耳他	Malta	2019	173
毛里求斯	Mauritius	2019	4267
摩纳哥	Monaco	2017	1
摩洛哥	Morocco	2019	72420
瑙鲁	Nauru	2015	89
尼泊尔	Nepal	2019	259335
荷兰	Netherlands	2019	32400

continued 1

实际蒸发散量 （百万立方米） Actual Evapotranspiration (mio m^3)	径流量 （百万立方米） Internal Flow (mio m^3)	从邻国流入的地表和地下水径流量 （百万立方米） Inflow of Surface and Ground Waters from Neighbouring Countries (mio m^3)	可再生淡水资源量 （百万立方米） Renewable Fresh Water Resources (mio m^3)
	1300	55500	56800
26284	10258	6129	16387
17176	13108	7713	20821
128600	110899	3886	114785
299237	227357	12091	239448
27822	30157		
175200			115800
55482	2753	100781	103534
		93510	
38465	57698		
656999	65100	42500	107600
7	45		45
			30674
25533	15521	11343	26864
4500	4100		4100
38922	1578	6778	8356
551191	337000		337000
334865	68633	55074	13559
86	86		86
1280	2987		2987
58953	13467		13467
53	35		35
23979	8420	70513	78933

附录3-1　续表 2

国家或地区	Country or Area	最近年份 Latest Year Available	降水量（百万立方米） Precipitation (mio m^3)
尼日尔	Niger	2012	604486
挪威	Norway	2019	394550
阿曼	Oman	2017	15841
巴拿马	Panama	2019	188107
巴拉圭	Paraguay	2017	697115
菲律宾	Philippines	2015	538835
波兰	Poland	2019	181028
葡萄牙	Portugal	2017	46770
卡塔尔	Qatar	2019	810
罗马尼亚	Romania	2019	144154
罗马尼亚	Russian Federation	2019	
卢旺达	Rwanda	2012	32414
圣基茨和尼维斯	Saint Kitts and Nevis	2012	173
塞内加尔	Senegal	2017	
塞尔维亚	Serbia	2019	50445
新加坡	Singapore	2019	1368
斯洛伐克	Slovakia	2019	41564
斯洛文尼亚	Slovenia	2019	25485
西班牙	Spain	2017	240235
瑞典	Sweden	2019	367414
瑞士	Switzerland	2019	56276
叙利亚	Syrian Arab Republic	2007	39131
泰国	Thailand	2014	
多哥	Togo	2012	
特立尼达和多巴哥	Trinidad and Tobago	2006	10883
突尼斯	Tunisia	2013	18360
土耳其	Turkey	2019	458412
乌克兰	Ukraine	2019	303585
阿拉伯联合酋长国	United Arab Emirates	2019	4368
英国	United Kingdom	2012	
坦桑尼亚	United Republic of Tanzania	2016	817311
赞比亚	Zambia	2012	1034
津巴布韦	Zimbabwe	2017	372899

continued 2

实际蒸发散量 （百万立方米） Actual Evapotranspiration (mio m³)	径流量 （百万立方米） Internal Flow (mio m³)	从邻国流入的地表和地下水径流量 （百万立方米） Inflow of Surface and Ground Waters from Neighbouring Countries (mio m³)	可再生淡水资源量 （百万立方米） Renewable Fresh Water Resources (mio m³)
159861	234689	8540.1	243229
12553	3288	7.0	3295
76260	111847	3512	115359
485512	211603		
145229	35799	5407	41206
51301	-4531	21652	17121
720	89		259
107297	36858	337	37195
	4060600	230300	4290900
			27300
39688	10757	144331	155089
23387	18177	63800	81977
12741	12744		
237157	122865		122865
171609	182734	14108	196842
19620	36655	9647	46302
33653	5478	9734	15212
			285227
			11500
6530	4353		4353
16539	1821		1821
139959			
44	990		
325945	46954	20779	67734

附录3-2 淡水资源(2019年)

国家或地区	Country or Area	淡水抽取量 (亿立方米) Total Freshwater Withdrawals (100 million m^3)	人均可再生淡水资源 (立方米) Renewable Internal Freshwater Resources per Capita (m^3)
阿富汗	Afghanistan	202.8	1248
阿尔巴尼亚	Albania	11.3	9425
阿尔及利亚	Algeria	98.0	263
美属萨摩亚	American Samoa		
安道尔	Andorra		4134
安哥拉	Angola	7.1	4574
安提瓜和巴布达	Antigua and Barbuda	0.0	564
阿根廷	Argentina	376.9	6498
亚美尼亚	Armenia	28.7	2432
荷兰	Aruba		
澳大利亚	Australia	97.8	19416
奥地利	Austria	34.9	6194
阿塞拜疆	Azerbaijan	125.9	810
巴哈马	Bahamas		1730
巴林	Bahrain	1.6	3
孟加拉国	Bangladesh	358.7	634
巴巴多斯	Barbados	0.7	286
白俄罗斯	Belarus	13.6	3609
比利时	Belgium	44.0	1044
伯利兹	Belize	1.0	39219
贝宁	Benin	1.3	838
百慕大	Bermuda		
不丹	Bhutan	3.4	101634
玻利维亚	Bolivia	20.9	25770
波黑	Bosnia and Herzegovina	3.1	10563
博茨瓦纳	Botswana	2.0	960
巴西	Brazil	704.3	26730
文莱	Brunei Darussalam	0.9	19404
保加利亚	Bulgaria	54.2	3010
布基纳法索	Burkina Faso	8.2	597
布隆迪	Burundi	2.8	847
佛得角	Cabo Verde	0.3	520
柬埔寨	Cambodia	21.8	7441
喀麦隆	Cameroon	10.9	10589
加拿大	Canada	362.5	75795
开曼群岛	Cayman Islands		
中非	Central African Republic	0.7	27067
乍得	Chad	8.8	930
海峡群岛	Channel Islands		
智利	Chile	851.3	46482
哥伦比亚	Colombia	279.8	42740
科摩罗	Comoros	0.1	1517
刚果民主共和国	Congo, Dem. Rep.	6.8	10010
刚果	Congo, Rep.	0.5	39851
哥斯达黎加	Costa Rica	24.3	22224
科特迪瓦	Côte d'Ivoire	11.6	2939
克罗地亚	Croatia	6.7	9274
古巴	Cuba	69.6	3368
库拉索岛	Curaçao		

资料来源：世界银行WDI数据库。

Freshwater (2019)

年度淡水抽取量 Freshwater Withdrawals (%)			
占水资源总量的比重 % of Internal Resources	农业用水 % for Agriculture	工业用水 % for Industry	生活用水 % for Domestic
43.0	98	1	1
4.2	61	18	21
87.2	64	2	34
0.5	21	34	45
8.5	16	22	63
12.9	74	11	15
41.8	74	4	21
2.0	58	18	23
6.3	2	77	21
155.1	92	5	3
3877.5	33	3	63
34.2	88	2	10
87.5	68	8	25
4.0	27	32	41
36.7	1	81	17
0.7	68	21	11
1.3	25	13	62
0.4	94	1	5
0.7	92	2	7
0.9			
8.4	37	14	50
1.2	61	15	24
1.1	6		165
25.8	15	69	16
6.5	51	3	46
2.8	79	5	15
8.4	93	1	6
1.8	94	2	4
0.4	68	10	23
1.3	11	76	13
0.1	1	17	83
5.9	76	12	12
9.6	91	5	4
1.3	74	13	13
0.8	47	5	48
0.1	11	21	68
0.0	4	26	69
2.2	81	9	10
1.5	52	21	28
1.8	11	26	63
18.3	65	11	24

Source: World Bank WDI Database.

附录3-2 续表 1

国家或地区	Country or Area	淡水抽取量（亿立方米）Total Freshwater Withdrawals (100 million m^3)	人均可再生淡水资源（立方米）Renewable Internal Freshwater Resources per Capita (m^3)
塞浦路斯	Cyprus	2.0	635
捷克	Czech Republic	19.5	1232
丹麦	Denmark	9.2	1032
吉布提	Djibouti	0.2	279
多米尼加	Dominica	0.2	2800
多米尼加共和国	Dominican Republic	71.4	2160
厄瓜多尔	Ecuador	99.2	25508
埃及	Egypt, Arab Rep.	775.0	9
萨尔瓦多	El Salvador	3.9	2489
赤道几内亚	Equatorial Guinea	0.2	16741
厄立特里亚	Eritrea	5.8	800
爱沙尼亚	Estonia	10.1	9579
埃塞俄比亚	Ethiopia	105.5	1069
法罗群岛	Faroe Islands		
斐济	Fiji	0.8	31084
芬兰	Finland	30.0	19378
法国	France	268.5	2968
法属波利尼西亚	French Polynesia		
加蓬	Gabon	1.4	73123
冈比亚	Gambia	1.0	1196
格鲁吉亚	Georgia	15.7	15626
德国	Germany	244.4	1288
加纳	Ghana	14.5	961
希腊	Greece	101.2	5410
格陵兰	Greenland		
格林纳达	Grenada	0.1	1630
关岛	Guam		
危地马拉	Guatemala	33.2	6577
几内亚	Guinea	8.9	17550
几内亚比绍	Guinea-Bissau	1.8	8120
圭亚那	Guyana	14.4	301720
海地	Haiti	14.5	1165
洪都拉斯	Honduras	16.1	9103
匈牙利	Hungary	44.6	614
冰岛	Iceland	2.9	471485
印度	India	6475.0	1045
印度尼西亚	Indonesia	2226.4	7488
伊朗	Iran, Islamic Rep.	929.5	1484
伊拉克	Iraq	566.1	847
爱尔兰	Ireland	14.3	9930
马恩岛	Isle of Man		
以色列	Israel	11.6	83
意大利	Italy	340.5	3055
牙买加	Jamaica	13.5	3846
日本	Japan	791.0	3396
约旦	Jordan	9.4	64
哈萨克斯坦	Kazakhstan	235.4	3476
肯尼亚	Kenya	40.3	406
基里巴斯	Kiribati		
朝鲜	Korea, Dem. People's Rep.	86.6	2601
韩国	Korea, Rep.	292.0	1253
科索沃	Kosovo		
科威特	Kuwait	7.7	

continued 1

年度淡水抽取量 Freshwater Withdrawals (%)			
占水资源总量的比重 % of Internal Resources	农业用水 % for Agriculture	工业用水 % for Industry	生活用水 % for Domestic
25.9	60	6	40
14.9	3	54	43
15.4	54	5	41
6.3	16		84
10.0	5		95
30.4	83	7	9
2.2	81	6	13
7750.0	79	7	14
2.5	68	10	22
0.1	5	15	80
20.8	95	0	5
7.9	0	92	8
8.6	92	0	8
0.3	59	11	30
2.8	14	69	17
13.4	11	69	20
0.1	29	10	61
3.4	39	21	41
2.7	38	21	42
22.8	1	62	37
4.8	73	6	20
17.4	80	3	17
7.1	15		85
3.0	57	18	25
0.4	67	7	26
1.1	76	6	18
0.6	94	1	4
11.1	83	4	13
1.8	73	7	20
74.4	11	74	15
0.2	0	71	29
44.8	90	2	7
11.0	85	4	11
72.3	92	1	7
160.8	78	10	12
2.9	5	36	59
155.2	51	5	38
18.7	50	23	28
12.5	8	81	10
18.4	68	13	19
138.1	52	3	45
36.6	63	22	15
19.5	80	8	12
12.9	76	13	10
45.0	59	16	25
	62	2	36

附录3-2 续表 2

国家或地区	Country or Area	淡水抽取量（亿立方米）Total Freshwater Withdrawals (100 million m³)	人均可再生淡水资源（立方米）Renewable Internal Freshwater Resources per Capita (m³)
吉尔吉斯斯坦	Kyrgyz Republic	77.1	7579
老挝	Lao PDR	73.5	26400
拉脱维亚	Latvia	1.8	8851
黎巴嫩	Lebanon	18.1	830
莱索托	Lesotho	0.4	2350
利比里亚	Liberia	1.5	40118
利比亚	Libya	57.2	107
列支敦士登	Liechtenstein		
立陶宛	Lithuania	2.5	5533
卢森堡	Luxembourg	0.5	1613
马达加斯加	Madagascar	134.6	12240
马拉维	Malawi	13.6	855
马来西亚	Malaysia	67.1	17681
马尔代夫	Maldives	0.0	59
马里	Mali	51.9	2917
马耳他	Malta	0.4	100
马绍尔群岛	Marshall Islands		
毛里塔尼亚	Mauritania	13.5	91
毛里求斯	Mauritius	6.0	2173
墨西哥	Mexico	893.5	3270
密克罗尼西亚	Micronesia, Fed. Sts.		
摩尔多瓦	Moldova	8.4	608
摩纳哥	Monaco	0.1	
蒙古	Mongolia	4.6	10766
黑山	Montenegro	1.6	
摩洛哥	Morocco	105.7	799
莫桑比克	Mozambique	14.7	3312
缅甸	Myanmar	332.3	18906
纳米比亚	Namibia	2.8	2518
尼泊尔	Nepal	95.0	6874
荷兰	Netherlands	84.0	634
新喀里多尼亚	New Caledonia		
新西兰	New Zealand	98.8	65673
尼加拉瓜	Nicaragua	15.4	23441
尼日尔	Niger	25.8	149
尼日利亚	Nigeria	124.7	1087
北马其顿	North Macedonia	10.4	2600
挪威	Norway	26.9	71430
阿曼	Oman	16.3	304
巴基斯坦	Pakistan	1771.1	246
帕劳	Palau		
巴拿马	Panama	12.1	32274
巴布亚新几内亚	Papua New Guinea	3.9	83940
巴拉圭	Paraguay	24.1	17917
秘鲁	Peru	385.5	49993
菲律宾	Philippines	858.7	4340
波兰	Poland	89.8	1412
葡萄牙	Portugal	61.3	3694
波多黎各	Puerto Rico	8.8	2223
卡塔尔	Qatar	2.5	20
罗马尼亚	Romania	64.2	2188
俄罗斯联邦	Russian Federation	648.2	29860
卢旺达	Rwanda	6.1	740

continued 2

年度淡水抽取量 Freshwater Withdrawals (%)			
占水资源总量的比重 % of Internal Resources	农业用水 % for Agriculture	工业用水 % for Industry	生活用水 % for Domestic
15.8	93	4	3
3.9	96	2	2
1.1	32	17	51
37.8	38	49	13
0.8	9	46	46
0.1	8	37	55
817.1	83	5	12
1.6	22	24	54
4.9	1	9	90
4.0	96	1	3
8.4	86	4	11
1.2	46	30	24
15.7		5	95
8.6	98	0	2
81.2	37	2	62
337.1	91	2	7
21.6	50	2	48
21.8	76	10	15
51.8	5	69	18
			100
1.3	54	36	10
	1	39	60
36.5	88	2	10
1.5	73	2	25
3.3	89	1	10
4.6	70	5	25
4.8	98	0	2
76.4	3	74	23
3.0	66	24	10
1.0	77	5	19
73.8	91	1	7
5.6	44	16	40
19.3	38	26	35
0.7	31	40	29
116.7	83	13	5
322.0	94	1	5
0.9	37	1	63
0.0	0	43	57
2.1	79	6	15
2.3	85	9	6
17.9	79	12	9
16.8	14	64	22
16.1	56	30	14
12.3	3	72	24
446.4	25	4	71
15.1	22	61	17
1.5	29	45	26
6.4	59	2	38

附录3-2 续表 3

国家或地区	Country or Area	淡水抽取量（亿立方米）Total Freshwater Withdrawals (100 million m^3)	人均可再生淡水资源（立方米）Renewable Internal Freshwater Resources per Capita (m^3)
萨摩亚	Samoa		
圣马力诺	San Marino		
圣多美和普林西比	Sao Tome and Principe	0.4	10158
沙特阿拉伯	Saudi Arabia	233.8	67
塞内加尔	Senegal	30.6	1612
塞尔维亚	Serbia	56.2	1210
塞舌尔	Seychelles	0.1	
塞拉利昂	Sierra Leone	2.1	19884
新加坡	Singapore	4.9	105
圣马丁岛(荷兰部分)	Sint Maarten (Dutch part)		
斯洛伐克共和国	Slovak Republic	5.6	2310
斯洛文尼亚	Slovenia	9.4	8940
所罗门群岛	Solomon Islands		66223
索马里	Somalia	33.0	375
南非	South Africa	198.5	771
南苏丹	South Sudan	6.6	2489
西班牙	Spain	294.7	2359
斯里兰卡	Sri Lanka	129.5	2422
圣基茨岛和尼维斯	St. Kitts and Nevis	0.1	503
圣露西亚	St. Lucia	0.4	1680
圣马丁(法国部分)	St. Martin (French part)		
圣文森特和格林纳丁斯	St. Vincent and the Grenadines	0.1	953
苏丹	Sudan	269.4	93
苏里南	Suriname	6.2	164917
瑞典	Sweden	23.8	16636
瑞士	Switzerland	17.0	4711
叙利亚	Syrian Arab Republic	139.6	355
塔吉克斯坦	Tajikistan	106.0	6797
坦桑尼亚	Tanzania	51.8	1403
泰国	Thailand	573.1	3148
东帝汶	Timor-Leste	11.7	6416
多哥	Togo	2.2	1395
汤加	Tonga		
特立尼达和多巴哥	Trinidad and Tobago	3.4	2526
突尼斯	Tunisia	37.8	348
土耳其	Turkey	615.3	2719
土库曼斯坦	Turkmenistan	278.7	228
特克斯和凯科斯群岛	Turks and Caicos Islands		
图瓦卢	Tuvalu		
乌干达	Uganda	6.4	908
乌克兰	Ukraine	106.0	1241
阿拉伯联合酋长国	United Arab Emirates	25.1	16
英国	United Kingdom	84.2	2169
美国	United States	4444.0	8583
乌拉圭	Uruguay	36.6	26893
乌兹别克斯坦	Uzbekistan	589.0	487
瓦努阿图	Vanuatu		32851
委内瑞拉	Venezuela, RB	226.2	27786
越南	Vietnam	818.6	3753
维尔京群岛(美国)	Virgin Islands (U.S.)		
也门	Yemen, Rep.	35.7	67
赞比亚	Zambia	15.7	4363
津巴布韦	Zimbabwe	37.7	798

continued 3

年度淡水抽取量 Freshwater Withdrawals (%)			
占水资源总量的比重 % of Internal Resources	农业用水 % for Agriculture	工业用水 % for Industry	生活用水 % for Domestic
	63	1	36
	82	5	13
1.9	91	0	9
974.2	13	75	12
11.9	7	28	66
66.8	22	26	52
	4	51	45
0.1			
82.2	13	39	48
	0	82	18
4.4			
5.1	99	0	0
	58	21	21
55.0	36	34	29
44.3	65	19	15
2.5	87	6	6
26.5	1		99
24.5	71		29
50.8			
14.3		0	100
	96	0	4
7.9	70	22	8
673.4	3	57	40
0.6	9	36	55
1.4	88	4	9
4.2	70	15	9
195.8	89	0	10
16.7	90	5	5
6.2	91	0	8
25.5	34	3	63
14.3			
1.9	4	34	62
	76	1	23
8.8	88	2	11
90.1	94	3	3
27.1			
1983.3			
	41	8	51
	40	39	22
1.6	48	1	51
19.2	14	12	74
1672.0	40	47	13
5.8	87	2	11
15.8	92	4	4
4.0			
360.5	74	4	23
	95	4	1
2.8			
22.8	91	2	7
	73	8	18
169.8	81	2	17

附录3-3 供 水

国家或地区	Country or Area	最近年份 Latest Year Available	淡水供应量 (百万立方米) Net Freshwater Supplied by Water Supply Industry (mio m^3)
阿尔巴尼亚	Albania	2019	198
阿尔及利亚	Algeria	2015	3548
安道尔	Andorra	2019	
安哥拉	Angola	2011	
安提瓜和巴布达	Antigua and Barbuda	2019	5
亚美尼亚	Armenia	2019	134
澳大利亚	Australia	2019	3721
奥地利	Austria	2016	
阿塞拜疆	Azerbaijan	2019	330
巴林	Bahrain	2017	262
孟加拉国	Bangladesh	2015	776
白俄罗斯	Belarus	2019	449
比利时	Belgium	2018	569
伯利兹	Belize	2019	
百慕大	Bermuda	2017	3
玻利维亚	Bolivia (Plurinational State of)	2019	
波黑	Bosnia and Herzegovina	2019	
博茨瓦纳	Botswana	2016	72
巴西	Brazil	2019	
保加利亚	Bulgaria	2018	386
布隆迪	Burundi	2017	27
佛得角	Cabo Verde	2019	
加拿大	Canada	2017	4067
开曼群岛	Cayman Islands	2015	4
中国香港	China, Hong Kong SAR	2015	973
中国澳门	China, Macao SAR	2015	85
哥伦比亚	Colombia	2016	3129
哥斯达黎加	Costa Rica	2017	289
克罗地亚	Croatia	2019	260
古巴	Cuba	2017	910
塞浦路斯	Cyprus	2019	94
捷克	Czechia	2019	493
丹麦	Denmark	2019	354
厄瓜多尔	Ecuador	2018	1306
埃及	Egypt	2015	6129

资料来源：联合国统计司环境统计数据库。
Sources:UNSD Environment Statistics Data.

Water Supply Industry

人均淡水供应量 （立方米/人） Net Freshwater Supplied by Water Supply Industry per Capita (m^3/person)	供水受益率 (%) Total Population Supplied by Water Supply Industry (%)	受益人口人均淡水供应量 （立方米/人） Net Freshwater Supplied by Water Supply Industry per Capita Connected (m^3/person)
69	78.0	88
89	98.0	91
	100.0	
	15.3	
56		
71	96.1	74
148		
	92.0	
33	71.0	46
174	99.7	175
5		51
48	96.1	50
49	99.0	50
	74.8	
41	19.0	217
	86.4	
	70.0	
33		
	83.7	
55	100.0	55
2		
	84.7	
111		
63		
135	100.0	58
141	100.0	
65		
58	95.2	61
63	93.0	68
80	95.6	84
78	100.0	78
46	95.0	49
61		
66	98.0	

附录3-3 续表 1

国家或地区	Country or Area	最近年份 Latest Year Available	淡水供应量（百万立方米） Net Freshwater Supplied by Water Supply Industry (mio m^3)
爱沙尼亚	Estonia	2019	53
斐济	Fiji	2017	75069
芬兰	Finland	2014	
法国	France	2013	
法属圭亚那	French Guiana	2018	16
法属波利尼西亚	French Polynesia	2017	
冈比亚	Gambia	2019	274
格鲁吉亚	Georgia	2016	4161
希腊	Greece	2019	1291
瓜德卢普	Guadeloupe	2018	46
危地马拉	Guatemala	2011	
几内亚	Guinea	2016	
圭亚那	Guyana	2012	127
匈牙利	Hungary	2019	463
印度尼西亚	Indonesia	2018	3750
伊朗	Iran (Islamic Republic of)	2019	
伊拉克	Iraq	2019	4177
爱尔兰	Ireland	2011	669
意大利	Italy	2018	4749
牙买加	Jamaica	2017	87
日本	Japan	2012	80500
约旦	Jordan	2017	949
哈萨克斯坦	Kazakhstan	2019	2099
科威特	Kuwait	2015	640
吉尔吉斯斯坦	Kyrgyzstan	2017	5072
拉脱维亚	Latvia	2019	97
立陶宛	Lithuania	2019	109
莱索托	Luxembourg	2015	
马拉维	Malawi	2016	26
马来西亚	Malaysia	2019	4175
马尔代夫	Maldives	2015	6
马里	Mali	2017	11402
马耳他	Malta	2019	31
马提尼克	Martinique	2018	29
毛里求斯	Mauritius	2019	125
墨西哥	Mexico	2019	13151
摩纳哥	Monaco	2017	5
黑山	Montenegro	2011	50
摩洛哥	Morocco	2014	
荷兰	Netherlands	2019	1130

continued 1

人均淡水供应量 (立方米/人) Net Freshwater Supplied by Water Supply Industry per Capita (m^3/person)	供水受益率 (%) Total Population Supplied by Water Supply Industry (%)	受益人口人均淡水供应量 (立方米/人) Net Freshwater Supplied by Water Supply Industry per Capita Connected (m^3/person)
40	83.0	48
85553		
	94.0	
	99.0	
55		
	89.0	
74	67.7	109
51	99.0	51
123		
115		
	74.9	
	48.0	
170		
48	100.0	48
	96.1	
108	83.0	130
146		
78		
30		
631		
94		
113	93.7	121
167	100.0	
819		
51		
39	83.0	48
	100.0	
2		
128	95.8	134
13		
616	68.0	906
70	100.0	70
77		
99	99.7	99
103		
123	100.0	123
79		
	83.0	
66		

附录3-3 续表 2

国家或地区	Country or Area	最近年份 Latest Year Available	淡水供应量 (百万立方米) Net Freshwater Supplied by Water Supply Industry (mio m^3)
新喀里多尼亚	New Caledonia	2018	
尼日尔	Niger	2012	52
北马其顿	North Macedonia	2017	3
挪威	Norway	2019	509
帕劳	Palau	2016	8
巴拿马	Panama	2019	433
巴拉圭	Paraguay	2017	
秘鲁	Peru	2019	
波兰	Poland	2019	1676
葡萄牙	Portugal	2018	663
卡塔尔	Qatar	2019	
韩国	Republic of Korea	2018	7508
摩尔多瓦	Republic of Moldova	2019	101
罗马尼亚	Romania	2019	780
罗马尼亚	Russian Federation	2017	9080
卢旺达	Rwanda	2012	20
萨摩亚	Samoa	2018	21
沙特阿拉伯	Saudi Arabia	2019	
塞内加尔	Senegal	2017	150
塞尔维亚	Serbia	2019	436
新加坡	Singapore	2019	664
斯洛伐克	Slovakia	2019	293
斯洛文尼亚	Slovenia	2019	117
南非	South Africa	2012	14647
西班牙	Spain	2018	3583
巴勒斯坦	State of Palestine	2015	
苏丹	Sudan	2011	
苏里南	Suriname	2019	50
瑞典	Sweden	2015	690
瑞士	Switzerland	2019	815
泰国	Thailand	2014	4206
特立尼达和多巴哥	Trinidad and Tobago	2016	
突尼斯	Tunisia	2015	
土耳其	Turkey	2018	4320
乌克兰	Ukraine	2012	2806
阿拉伯联合酋长国	United Arab Emirates	2019	1692
英国	United Kingdom	2011	3958
坦桑尼亚	United Republic of Tanzania	2013	
乌兹别克斯坦	Uzbekistan	2019	1570
越南	Viet Nam	2012	
也门	Yemen	2013	99
津巴布韦	Zimbabwe	2017	3820

continued 2

人均淡水供应量 (立方米/人) Net Freshwater Supplied by Water Supply Industry per Capita (m^3/person)	供水受益率 (%) Total Population Supplied by Water Supply Industry (%)	受益人口人均淡水供应量 (立方米/人) Net Freshwater Supplied by Water Supply Industry per Capita Connected (m^3/person)
	97.0	
3		
1		
95	89.0	106
438		
103	95.1	108
	80.9	73
	90.8	
44	92.0	48
65	93.0	69
	100.0	
147		
38	81.6	47
40	71.0	57
6		
2		
107		
	99.8	
10	48.6	167
50		
165	100.0	165
54	90.0	60
56		
273	93.8	282
77	100.0	77
	94.9	
	60.5	
84		
71	88.0	80
95		
61		
	96.9	
	97.6	
52	99.0	53
62		
178	100.0	178
60		
	55.6	
48	76.6	62
	32.0	
7	18.6	123
268		

附录3-4 氮氧化物排放
NO_x Emissions

国家或地区	Country or Area	最近年份 Latest Year Available	氮氧化物排放量（千吨）NO_x Emissions (1 000 tonnes)	比1990年增减（%）% Change since 1990 (%)	人均氮氧化物排放量（千克）NO_x Emissions per Capita (kg)
阿富汗	Afghanistan	2013	66.00		2.05
阿尔巴尼亚	Albania	2009	48.49	171.70	16.31
阿尔及利亚	Algeria	2000	280.33		9.03
安哥拉	Angola	2005	151.32		7.79
安提瓜和巴布达	Antigua and Barbuda	2000	2.27		29.87
阿根廷	Argentina	2012	1007.23	97.78	24.12
亚美尼亚	Armenia	2010	17.21	-77.53	5.98
澳大利亚	Australia	2018	2721.85	67.93	109.32
奥地利	Austria	2018	149.00	-31.14	16.76
阿塞拜疆	Azerbaijan	2012	4.00	4900.00	0.43
巴林	Bahrain	2000	52.00		78.24
孟加拉国	Bangladesh	2005	3.95		0.03
巴巴多斯	Barbados	1997	0.05	-97.90	0.19
白俄罗斯	Belarus	2018	2.33	69.41	0.25
比利时	Belgium	2018	167.05	-60.62	14.55
伯利兹	Belize	2009	0.03		0.10
贝宁	Benin	2000	24.96		3.64
不丹	Bhutan	2000	1.77		2.99
玻利维亚	Bolivia (Plurinational State of)	2004	13.42	-63.74	1.48
波黑	Bosnia and Herzegovina	2014	79.00	-4.90	22.69
博茨瓦纳	Botswana	2015	8.43		3.97
巴西	Brazil	2015	2077.60	77.50	10.16
保加利亚	Bulgaria	2018	121.98	-52.60	17.30
布基纳法索	Burkina Faso	2007	6.05		0.42
布隆迪	Burundi	1998	12.44		2.01
佛得角	Cabo Verde	2000	2.03		4.73
柬埔寨	Cambodia	2000	25.08		2.06
喀麦隆	Cameroon	2000	111.00		7.15
中非共和国	Central African Republic	2010	0.30		0.07
乍得	Chad	2003	9.67		1.03
智利	Chile	2016	297.50	128.67	16.34
哥伦比亚	Colombia	2004	332.01	43.03	7.89
科摩罗	Comoros	2000	0.62		1.15
刚果	Congo	2000	11.62		3.72
哥斯达黎加	Costa Rica	2005	25.18	-17.70	5.87
科特迪瓦	Cote d'Ivoire	2000	276.22		16.79
克罗地亚	Croatia	2018	45.92	-54.44	11.05

资料来源：联合国统计司环境统计数据库。
Sources:UNSD Environment Statistics Data.

附录3-4 续表 1 continued 1

国家或地区	Country or Area	最近年份 Latest Year Available	氮氧化物排放量(千吨) NO_x Emissions (1 000 tonnes)	比1990年增减(%) % Change since 1990 (%)	人均氮氧化物排放量(千克) NO_x Emissions per Capita (kg)
古巴	Cuba	2002	83.82	-40.00	7.48
塞浦路斯	Cyprus	2018	14.80	-12.89	12.45
捷克	Czech Republic	2018	160.87	-77.89	15.08
朝鲜	Democratic People's Republic of Korea	2002	159.00	-65.36	6.81
刚果民主共和国	Democratic Republic of the Congo	2003	749.82		14.58
丹麦	Denmark	2018	108.86	-64.36	18.93
吉布提	Djibouti	2000	1.89		2.63
多米尼加	Dominica	2005	0.63		8.93
多米尼加共和国	Dominican Republic	2010	7.48	-86.18	0.77
厄瓜多尔	Ecuador	2012	229.31	78.96	14.82
埃及	Egypt	2005	399.42		5.29
萨尔瓦多	El Salvador	2005	39.47		6.52
厄立特里亚	Eritrea	2000	5.00		2.18
爱沙尼亚	Estonia	2018	42.15	-55.89	31.86
斯威士兰	Eswatini	1994	19.88		21.90
埃塞俄比亚	Ethiopia	2013	52.44	-66.81	0.55
斐济	Fiji	2004	11.49		14.05
芬兰	Finland	2018	119.80	-59.84	21.69
法国	France	2018	871.52	-58.77	13.41
加蓬	Gabon	2000	7.54		6.14
冈比亚	Gambia	2000	3.84		2.92
格鲁吉亚	Georgia	2013	47.11	-63.33	11.64
德国	Germany	2018	1197.59	-58.52	14.41
加纳	Ghana	2000	50.06		2.60
希腊	Greece	2018	169.19	-46.35	16.08
危地马拉	Guatemala	2005	92.93	118.27	7.10
几内亚	Guinea	2000	21.00		2.55
几内亚比绍	Guinea-Bissau	2010	7.06		4.64
圭亚那	Guyana	2004	15.00		20.11
海地	Haiti	2000	14.69		1.74
洪都拉斯	Honduras	2000	33.22		5.05
匈牙利	Hungary	2018	119.14	-51.39	12.27
冰岛	Iceland	2018	21.90	-29.10	65.05
印度尼西亚	Indonesia	2000	84.67	386.33	0.40
伊朗	Iran (Islamic Republic of)	2000	600.76		9.15
爱尔兰	Ireland	2018	108.51	-37.18	22.52
以色列	Israel	2018	94.68		11.30
意大利	Italy	2018	672.30	-68.39	11.09
牙买加	Jamaica	2012	43.97		15.47
日本	Japan	2018	1316.62	-33.40	10.35
约旦	Jordan	2006	116.00		19.36
哈萨克斯坦	Kazakhstan	2018	653.88	-8.36	35.69
肯尼亚	Kenya	2010	178.00		4.24
基里巴斯	Kiribati	1994	0.00		0.00
科威特	Kuwait	1994	113.00		68.10

附录3-4 续表 2 continued 2

国家或地区	Country or Area	最近年份 Latest Year Available	氮氧化物排放量（千吨） NO_x Emissions (1 000 tonnes)	比1990年增减（%） % Change since 1990 (%)	人均氮氧化物排放量（千克） NO_x Emissions per Capita (kg)
吉尔吉斯斯坦	Kyrgyzstan	2010	31.66	-59.76	5.84
老挝	Lao People's Dem. Rep.	2000	7.87	88.28	1.48
拉脱维亚	Latvia	2018	33.85	-64.61	17.55
黎巴嫩	Lebanon	2013	88.67		15.00
莱索托	Lesotho	1994	5.05		2.71
利比里亚	Liberia	2000	1.00		0.35
立陶宛	Lithuania	2018	56.23	-63.93	20.07
卢森堡	Luxembourg	2018	19.74	-51.90	32.66
马达加斯加	Madagascar	2010	34.90		1.65
马拉维	Malawi	1994	26.27	-8.47	2.70
马来西亚	Malaysia	2011	1.04		0.04
马里	Mali	2010	8.79		0.58
马耳他	Malta	2018	4.52	-39.22	10.28
马绍尔群岛	Marshall Islands	2010	0.59		10.39
毛里塔尼亚	Mauritania	2000	10.31		3.92
毛里求斯	Mauritius	2005	13.69		11.20
密克罗尼西亚	Micronesia (Federated States of)	2000	1.26		11.69
摩纳哥	Monaco	2018	0.14	-74.59	3.73
蒙古	Mongolia	1998	2.98	29.57	1.27
黑山	Montenegro	2011	10.15	32.48	16.23
摩洛哥	Morocco	2012	326.56		9.82
莫桑比克	Mozambique	1994	93.10	22.60	6.23
缅甸	Myanmar	2005	0.03		0.00
纳米比亚	Namibia	2000	41.20		22.96
瑙鲁	Nauru	2010	0.15		14.98
尼泊尔	Nepal	2000	67.00		2.80
荷兰	Netherlands	2018	211.61	-63.96	12.40
新西兰	New Zealand	2018	168.34	65.52	35.49
尼加拉瓜	Nicaragua	2000	69.62		13.73
尼日尔	Niger	2008	24.00		1.57
尼日利亚	Nigeria	2000	1005.00		8.22
纽埃岛	Niue	2009	0.06		34.59
北马其顿	North Macedonia	2009	34.07	-17.74	16.46
挪威	Norway	2018	163.49	-18.92	30.63
阿曼	Oman	1994	0.22		0.10
帕劳	Palau	2005	0.01		0.26
巴拿马	Panama	2000	33.69		11.12
巴布亚新几内亚	Papua New Guinea	2000	18.23		3.12
巴拉圭	Paraguay	2012	62.17	-21.34	9.68
秘鲁	Peru	1994	138.46		5.81
菲律宾	Philippines	1994	316.80		4.65
波兰	Poland	2017	803.65	-26.24	21.17
葡萄牙	Portugal	2018	152.38	-39.30	14.86
卡塔尔	Qatar	2007	175.69		144.19
摩尔多瓦	Republic of Moldova	2013	36.34	-73.55	8.92

附录3-4　续表 3　continued 3

国家或地区	Country or Area	最近年份 Latest Year Available	氮氧化物排放量（千吨） NO_x Emissions (1 000 tonnes)	比1990年增减 (%) % Change since 1990 (%)	人均氮氧化物排放量（千克） NO_x Emissions per Capita (kg)
罗马尼亚	Romania	2018	204.04	-57.89	10.46
俄罗斯联邦	Russian Federation	2018	4549.64	-43.17	31.22
卢旺达	Rwanda	2005	14.20		1.61
圣卢西亚	Saint Lucia	2010	2.70		15.51
圣文森特和格林纳丁斯	Saint Vincent and the Grenadines	2004	1.35	-95.32	12.40
萨摩亚	Samoa	1994	0.97		5.75
圣马力诺	San Marino	2010	1.81		57.97
圣多美和普林西比	Sao Tome and Principe	2012	0.75		4.00
塞内加尔	Senegal	2005	34.57		3.12
塞尔维亚	Serbia	1998	164.00	-20.88	16.93
塞舌尔	Seychelles	2000	1.15		14.20
斯洛伐克	Slovakia	2018	66.06	-50.89	12.11
斯洛文尼亚	Slovenia	2018	33.80	-53.10	16.27
所罗门群岛	Solomon Islands	2000	1.08		2.61
南苏丹	South Sudan	2015	62.04		5.79
西班牙	Spain	2018	772.60	-45.64	16.55
斯里兰卡	Sri Lanka	2000	83.68		4.46
苏丹	Sudan	2000	97.00		3.56
苏里南	Suriname	2003	9.00		18.44
瑞典	Sweden	2018	126.86	-54.22	12.72
瑞士	Switzerland	2018	64.29	-55.40	7.54
塔吉克斯坦	Tajikistan	2010	6.00	-91.89	0.80
泰国	Thailand	2013	1346.90		19.77
东帝汶	Timor-Leste	2010	1.82		1.66
多哥	Togo	2005	19.68		3.51
汤加	Tonga	2006	0.79		7.76
特立尼达和多巴哥	Trinidad and Tobago	1990	36.56		29.94
突尼斯	Tunisia	2000	94.87		9.77
土耳其	Turkey	2018	782.80	207.74	9.51
土库曼斯坦	Turkmenistan	2010	169.59		33.34
图瓦卢	Tuvalu	2014	0.10		8.78
乌干达	Uganda	2000	71.77		3.03
乌克兰	Ukraine	2018	590.11	-74.05	13.34
阿拉伯联合酋长国	United Arab Emirates	2005	332.00		72.36
英国	United Kingdom	2018	833.30	-72.99	12.41
坦桑尼亚	United Republic of Tanzania	1994	161.34	2.97	5.60
美国	United States of America	2018	8583.10	-60.47	26.24
乌拉圭	Uruguay	2017	57.30	28.71	16.67
乌兹别克斯坦	Uzbekistan	2012	275.62	-33.07	9.36
瓦努阿图	Vanuatu	2000	0.44		2.38
委内瑞拉	Venezuela (Bolivarian Republic of)	1999	394.79		16.63
越南	Viet Nam	2013	50.36		0.55
也门	Yemen	2012	104.78		4.28
赞比亚	Zambia	2000	1262.23		121.18
津巴布韦	Zimbabwe	2006	1059.96		87.20

附录3-5 二氧化硫排放
SO_2 Emissions

国家或地区	Country or Area	最近年份 Latest Year Available	二氧化硫排放量（千吨） SO_2 Emissions (1 000 tonnes)	比1990年增减（%） % Change since 1990 (%)	人均二氧化硫排放量（千克） SO_2 Emissions per Capita (kg)
阿富汗	Afghanistan	2005	13.86		0.54
阿尔巴尼亚	Albania	2009	1.60	180.70	0.54
阿尔及利亚	Algeria	2000	45.64		1.47
安提瓜和巴布达	Antigua and Barbuda	2000	2.75	-2.83	36.18
阿根廷	Argentina	2012	119.38	50.7	2.86
亚美尼亚	Armenia	2010	29.44	7390.8	10.23
澳大利亚	Australia	2018	2121.03	33.8	85.19
奥地利	Austria	2018	11.67	-84.2	1.31
巴林	Bahrain	2000	27.00		40.63
巴巴多斯	Barbados	1997	0.05		0.19
白俄罗斯	Belarus	2018	4.81	37.3	0.51
比利时	Belgium	2018	37.97	-89.6	3.31
伯利兹	Belize	1994	0.53		2.63
贝宁	Benin	2000	13.88		2.02
不丹	Bhutan	2000	1.06		1.79
玻利维亚	Bolivia (Plurinational State of)	2000	12.10	8.4	1.44
波黑	Bosnia and Herzegovina	2014	516.00	13.9	148.19
保加利亚	Bulgaria	2018	359.55	-19.4	50.99
布基纳法索	Burkina Faso	2007	0.50		0.04
柬埔寨	Cambodia	1994	25.69		2.49
喀麦隆	Cameroon	2000	7.00		0.45
智利	Chile	2016	357.40	40.0	19.63
哥伦比亚	Colombia	2004	142.81	0.7	3.39
科摩罗	Comoros	2000	0.13		0.25
哥斯达黎加	Costa Rica	2005	4.85		1.13
科特迪瓦	Cote d'Ivoire	2000	4079.55		247.93
克罗地亚	Croatia	2018	10.16	-94.0	2.45
古巴	Cuba	2002	622.51	30.4	55.58
塞浦路斯	Cyprus	2018	17.71	-44.2	14.89
捷克	Czechia	2018	96.51	-94.5	9.05
朝鲜	Democratic People's Republic of Korea	2002	1384.00	-55.7	59.30
刚果民主共和国	Democratic Republic of the Congo	2000	0.02		0.00
丹麦	Denmark	2018	11.82	-93.4	2.06
多米尼加	Dominica	2005	0.22		3.09
多米尼加共和国	Dominican Republic	2010	1.11	-98.6	0.11
埃及	Egypt	2005	146.45		1.94
爱沙尼亚	Estonia	2018	35.96	-83.8	27.18
斯威士兰	Eswatini	1994	1.97		2.17
埃塞俄比亚	Ethiopia	2013	8.74	-21.3	0.09
斐济	Fiji	1994	0.03		0.04
芬兰	Finland	2018	33.39	-86.7	6.05
法国	France	2018	180.04	-86.4	2.77

资料来源：联合国统计司环境统计数据库。
Sources:UNSD Environment Statistics Data.

附录3-5 续表 1 continued 1

国家或地区	Country or Area	最近年份 Latest Year Available	二氧化硫排放量（千吨） SO_2 Emissions (1 000 tonnes)	比1990年增减（%） % Change since 1990 (%)	人均二氧化硫排放量（千克） SO_2 Emissions per Capita (kg)
加蓬	Gabon	2000	7.67		6.24
格鲁吉亚	Georgia	2013	2.54		0.63
德国	Germany	2018	288.68	-94.7	3.47
加纳	Ghana	2000	0.50		0.03
希腊	Greece	2018	98.99	-80.6	9.41
危地马拉	Guatemala	2005	52.29	-29.8	3.99
几内亚	Guinea	1994	0.44		0.06
圭亚那	Guyana	2004	6.90	-8.0	9.25
海地	Haiti	2000	13.58		1.60
洪都拉斯	Honduras	2000	0.38		0.06
匈牙利	Hungary	2018	23.04	-97.2	2.37
冰岛	Iceland	2018	54.71	127.7	162.47
伊朗	Iran (Islamic Republic of)	2000	139.46		2.13
伊拉克	Iraq	1997	3909.00		182.33
爱尔兰	Ireland	2018	12.17	-93.3	2.52
以色列	Israel	2018	56.20		6.71
意大利	Italy	2018	110.45	-93.8	1.82
牙买加	Jamaica	2012	15.99		5.63
日本	Japan	2018	694.93	-44.4	5.46
约旦	Jordan	2006	138.00		23.03
哈萨克斯坦	Kazakhstan	2018	668.74	-35.9	36.50
肯尼亚	Kenya	2010	145.65		3.47
科威特	Kuwait	1994	319.00		192.25
吉尔吉斯斯坦	Kyrgyzstan	2010	30.56	-67.0	5.64
老挝	Lao People's Democratic Republic	2000	1.59		0.30
拉脱维亚	Latvia	2018	3.83	-96.2	1.99
黎巴嫩	Lebanon	2013	119.01		20.13
立陶宛	Lithuania	2018	12.66	-93.2	4.52
卢森堡	Luxembourg	2018	0.92	-94.2	1.52
马达加斯加	Madagascar	2010	65.20		3.08
马里	Mali	2010	3.65		0.24
马耳他	Malta	2018	0.33	-96.8	0.76
马绍尔群岛	Marshall Islands	2010	0.28		5.02
毛利塔尼亚	Mauritania	2000	0.09		0.03
毛里求斯	Mauritius	2005	9.60		7.86
密克罗尼西亚	Micronesia (Federated States of)	2000	0.31		2.86
摩纳哥	Monaco	2018	0.01	-91.5	0.29
黑山	Montenegro	2011	39.73	184.7	63.54
摩洛哥	Morocco	2012	635.53		19.12
纳米比亚	Namibia	2000	10.90		6.07
瑙鲁	Nauru	2010	0.18		18.39
尼泊尔	Nepal	2000	76.00		3.17
荷兰	Netherlands	2018	24.51	-86.9	1.44
新西兰	New Zealand	2018	71.35	25.0	15.04
尼加拉瓜	Nicaragua	2000	0.19		0.04
尼日尔	Niger	2008	1929.00		126.48
尼日利亚	Nigeria	2000	190.00		1.55
纽埃	Niue	2009	0.00		0.06
北马其顿	North Macedonia	2009	205.83	6799.9	99.48
挪威	Norway	2018	16.28	-67.26	3.05

附录3-5 续表 2 continued 2

国家或地区	Country or Area	最近年份 Latest Year Available	二氧化硫排放量（千吨） SO_2 Emissions (1 000 tonnes)	比1990年增减（%） % Change since 1990 (%)	人均二氧化硫排放量（千克） SO_2 Emissions per Capita (kg)
阿曼	Oman	1994	3.375		1.57
帕劳	Palau	2005	0.00748		0.38
巴拿马	Panama	2000	0.13		0.04
巴布亚新几内亚	Papua New Guinea	2000	36.00		6.16
巴拉圭	Paraguay	2012	0.27	-7.7	0.04
秘鲁	Peru	1994	123.26		5.17
菲律宾	Philippines	1994	458.53		6.73
波兰	Poland	2017	582.65	-78.0	15.35
葡萄牙	Portugal	2018	45.17	-85.8	4.40
卡塔尔	Qatar	2007	143.92		118.12
摩尔多瓦	Republic of Moldova	2013	21.86	-92.6	5.37
罗马尼亚	Romania	2018	80.03	-90.0	4.10
俄罗斯联邦	Russian Federation	2018	739.89	-8.9	5.08
卢旺达	Rwanda	2005	18.00		2.04
圣卢西亚	Saint Lucia	2010	0.19		1.09
圣文森特和格林纳丁斯	Saint Vincent and the Grenadines	2004	0.46	79.7	4.20
塞内加尔	Senegal	2005	39.63		3.57
塞尔维亚	Serbia	1998	388.00	-21.0	40.06
塞拉利昂	Sierra Leone	2005	0.05		0.01
斯洛伐克	Slovakia	2018	20.23	-86.4	3.71
斯洛文尼亚	Slovenia	2018	4.08	-98.0	1.97
所罗门群岛	Solomon Islands	2000	0.27		0.65
南苏丹	South Sudan	2015	7.23		0.68
西班牙	Spain	2018	212.25	-90.0	4.55
斯里兰卡	Sri Lanka	2000	105.87		5.64
苏丹	Sudan	2000	1.00		0.04
瑞典	Sweden	2018	17.38	-83.2	1.74
瑞士	Switzerland	2018	4.99	-86.4	0.59
塔吉克斯坦	Tajikistan	2010	9.00	-73.5	1.20
泰国	Thailand	2013	573.03		8.41
东帝汶	Timor-Leste	2010	0.40		0.37
多哥	Togo	2005	8.26		1.47
汤加	Tonga	2006	0.16		1.59
特立尼达和多巴哥	Trinidad and Tobago	1990	8.75		7.17
突尼斯	Tunisia	2000	111.29		11.46
土耳其	Turkey	2018	2524.42	49.6	30.66
土库曼斯坦	Turkmenistan	2010	2.72		0.54
图瓦卢	Tuvalu	2014	0.00		0.08
乌干达	Uganda	2000	4.10		0.17
乌克兰	Ukraine	2018	787.83	-52.3	17.81
英国	United Kingdom	2018	162.86	-95.7	2.43
坦桑尼亚	United Republic of Tanzania	1994	175.74	8.4	6.10
美国	United States of America	2018	2480.97	-88.1	7.58
乌拉圭	Uruguay	2017	24.50	-44.1	7.13
乌兹别克斯坦	Uzbekistan	2012	201.26	-69.2	6.83
瓦努阿图	Vanuatu	2000	0.00		0.01
越南	Viet Nam	2000	9.86		0.12
也门	Yemen	2012	4.12		0.17
赞比亚	Zambia	2000	6.16		0.59
津巴布韦	Zimbabwe	2006	1.63		0.13

附录3-6 二氧化碳排放
CO_2 Emissions

国家或地区	Country or Area	最近年份 Latest Year Available	二氧化碳排放量（千吨） CO_2 Emissions (1 000 tonnes)	比1990年增减（%） % Change since 1990 (%)	人均二氧化碳排放量（吨/人） CO_2 Emissions per Capita (tonne / person)
阿富汗	Afghanistan	2013	9851		0.31
阿尔巴尼亚	Albania	2009	5943	91.59	2.00
阿尔及利亚	Algeria	2000	71593		2.31
安哥拉	Angola	2005	27809		1.43
安提瓜和巴布达	Antigua and Barbuda	2000	372	29.06	4.89
阿根廷	Argentina	2012	188265	86.65	4.51
亚美尼亚	Armenia	2010	4457	-79.38	1.55
澳大利亚	Australia	2018	415954	49.40	16.71
奥地利	Austria	2018	66720	7.40	7.50
阿塞拜疆	Azerbaijan	2013	39229	-29.82	4.18
巴哈马	Bahamas	2000	660	-65.13	2.22
巴林	Bahrain	2000	18170		27.34
孟加拉国	Bangladesh	2005	40862		0.29
巴巴多斯	Barbados	1997	2198	40.54	8.20
白俄罗斯	Belarus	2018	61872	-40.33	6.55
比利时	Belgium	2018	100208	-16.71	8.73
伯利兹	Belize	2009	6		0.02
贝宁	Benin	2000	1416		0.21
不丹	Bhutan	2000	498		0.84
玻利维亚	Bolivia (Plurinational State of)	2004	9786	81.69	1.08
波黑	Bosnia and Herzegovina	2014	21712	-17.95	6.24
博茨瓦纳	Botswana	2015	7435		3.51
巴西	Brazil	2015	504747	136.35	2.47
文莱	Brunei Darussalam	2010	5883		15.14
保加利亚	Bulgaria	2018	43552	-43.22	6.18
布基纳法索	Burkina Faso	2007	1604		0.11
布隆迪	Burundi	2015	159		0.02
佛得角	Cabo Verde	2000	285		0.67
柬埔寨	Cambodia	2000	2053		0.17
喀麦隆	Cameroon	2000	2991		0.19
加拿大	Canada	2018	586505	26.92	15.82
中非共和国	Central African Republic	2010	253		0.06
乍得	Chad	2003	4055		0.43
智利	Chile	2016	87444	162.68	4.80

资料来源：联合国统计司环境统计数据库。
Sources:UNSD Environment Statistics Data.

附录3-6　续表 1　continued 1

国家或地区	Country or Area	最近年份 Latest Year Available	二氧化碳排放量（千吨） CO_2 Emissions (1 000 tonnes)	比1990年增减（%） % Change since 1990 (%)	人均二氧化碳排放量（吨/人） CO_2 Emissions per Capita (tonne / person)
哥伦比亚	Colombia	2004	63907	28.57	1.52
科摩罗	Comoros	2000	82		0.15
刚果	Congo	2000	1292		0.41
库克群岛	Cook Islands	1994	33		1.71
哥斯达黎加	Costa Rica	2005	5989	117.84	1.40
科特迪瓦	Côte d'Ivoire	2000	60372		3.67
克罗地亚	Croatia	2018	17719	-24.05	4.26
古巴	Cuba	2002	24893	-26.57	2.22
塞浦路斯	Cyprus	2018	7333	57.46	6.17
捷克	Czechia	2018	104411	-36.41	9.79
朝鲜	Democratic People's Republic of Korea	2002	73779	-58.72	3.16
刚果民主共和国	Democratic Republic of the Congo	2003	2645		0.05
丹麦	Denmark	2018	36246	-33.91	6.30
吉布提	Djibouti	2000	342		0.48
多米尼加	Dominica	2017	157		2.19
多米尼加共和国	Dominican Republic	2010	12572	43.47	1.30
厄瓜多尔	Ecuador	2012	41084	188.25	2.66
埃及	Egypt	2005	169250	100.93	2.24
萨尔瓦多	El Salvador	2005	6062		1.00
厄立特里亚	Eritrea	2000	621		0.27
爱沙尼亚	Estonia	2018	17711	-52.01	13.39
斯威士兰	Eswatini	1994	874		0.96
埃塞俄比亚	Ethiopia	2013	10143	339.67	0.11
斐济	Fiji	2004	1567		1.92
芬兰	Finland	2018	45849	-19.52	8.30
法国	France	2018	338327	-16.11	5.21
加蓬	Gabon	2000	5157		4.20
冈比亚	Gambia	2000	219		0.17
格鲁吉亚	Georgia	2013	9478	-73.32	2.34
德国	Germany	2018	755362	-28.22	9.09
加纳	Ghana	2006	7847	174.21	0.35
希腊	Greece	2018	71798	-13.94	6.82
格林纳达	Grenada	1994	135		1.36
危地马拉	Guatemala	2005	12554	195.73	0.96
几内亚	Guinea	2000	1960		0.24
几内亚比绍	Guinea-Bissau	2010	2451		1.61
圭亚那	Guyana	2004	1657	15.15	2.22
海地	Haiti	2000	1448		0.17
洪都拉斯	Honduras	2015	9903		1.09

附录3-6　续表 2　continued 2

国家或地区	Country or Area	最近年份 Latest Year Available	二氧化碳排放量（千吨） CO_2 Emissions (1 000 tonnes)	比1990年增减（%） % Change since 1990 (%)	人均二氧化碳排放量（吨/人） CO_2 Emissions per Capita (tonne / person)
匈牙利	Hungary	2018	49628	-32.45	5.11
冰岛	Iceland	2018	3675	63.47	10.91
印度	India	2010	1574362		1.28
印度尼西亚	Indonesia	2000	289527	102.91	1.37
伊朗	Iran (Islamic Republic of)	2000	365908		5.58
伊拉克	Iraq	1997	60379		2.82
爱尔兰	Ireland	2018	38803	17.78	8.05
以色列	Israel	2018	64805		7.73
意大利	Italy	2018	348085	-20.53	5.74
牙买加	Jamaica	2012	7384		2.60
日本	Japan	2018	1135688	-1.96	8.93
约旦	Jordan	2006	23136		3.86
哈萨克斯坦	Kazakhstan	2018	319647	13.67	17.45
肯尼亚	Kenya	2010	13888		0.33
基里巴斯	Kiribati	2008	64		0.65
科威特	Kuwait	2016	83921		21.21
吉尔吉斯斯坦	Kyrgyzstan	2010	6363	-69.01	1.17
老挝	Lao People's Democratic Republic	2000	1052	153.59	0.20
拉脱维亚	Latvia	2018	7859	-59.70	4.08
黎巴嫩	Lebanon	2013	23097		3.91
莱索托	Lesotho	2000	805		0.40
利比里亚	Liberia	2000	3571		1.25
列支敦士登	Liechtenstein	2018	144	-27.75	3.79
立陶宛	Lithuania	2018	13669	-61.79	4.88
卢森堡	Luxembourg	2018	9569	-19.24	15.84
马达加斯加	Madagascar	2010	2058		0.10
马拉维	Malawi	1994	719	7.47	0.07
马来西亚	Malaysia	2011	205768	294.64	7.18
马尔代夫	Maldives	2015	1477		3.25
马里	Mali	2010	2744		0.18
马耳他	Malta	2018	1532	-36.41	3.49
马绍尔群岛	Marshall Islands	2010	125		2.22
毛里塔尼亚	Mauritania	2000	1137		0.43
毛里求斯	Mauritius	2013	4250		3.39
墨西哥	Mexico	2013	468240	52.31	3.94
密克罗尼西亚	Micronesia (Federated States of)	2000	152		1.42
摩尼黑	Monaco	2018	75	-23.90	1.93
蒙古	Mongolia	2006	9956	-27.06	3.89
黑山	Montenegro	2011	2686	7.80	4.30

附录3-6　续表 3　continued 3

国家或地区	Country or Area	最近年份 Latest Year Available	二氧化碳排放量(千吨) CO_2 Emissions (1 000 tonnes)	比1990年增减(%) % Change since 1990 (%)	人均二氧化碳排放量(吨/人) CO_2 Emissions per Capita (tonne / person)
摩洛哥	Morocco	2012	62103		1.87
莫桑比克	Mozambique	1994	1586	46.39	0.11
缅甸	Myanmar	2005	8265		0.17
纳米比亚	Namibia	2000	2018		1.12
瑙鲁	Nauru	2010	38		3.76
尼泊尔	Nepal	2000	2894		0.12
荷兰	Netherlands	2018	160170	-1.36	9.39
新西兰	New Zealand	2018	35080	37.86	7.40
尼加拉瓜	Nicaragua	2000	3840		0.76
尼日尔	Niger	2008	1800	200.77	0.12
尼日利亚	Nigeria	2000	116825		0.96
纽埃	Niue	2009	5		3.12
北马其顿	North Macedonia	2009	8929	-13.20	4.32
挪威	Norway	2018	43818	24.05	8.21
阿曼	Oman	1994	11184		5.21
帕劳	Palau	2005	332		16.77
巴拿马	Panama	2000	5172		1.71
巴布亚新几内亚	Papua New Guinea	2000	4400		0.75
巴拉圭	Paraguay	2012	5665	149.52	0.88
秘鲁	Peru	2012	48210		1.63
菲律宾	Philippines	2000	82703		1.06
波兰	Poland	2018	337706	-10.32	8.91
葡萄牙	Portugal	2018	51482	14.19	5.02
卡塔尔	Qatar	2007	57612		47.28
韩国	Republic of Korea	2016	637600	152.69	12.51
摩尔多瓦	Republic of Moldova	2013	8325	-76.44	2.04
罗马尼亚	Romania	2018	76951	-54.54	3.94
俄罗斯联邦	Russian Federation	2018	1691360	-33.02	11.61
卢旺达	Rwanda	2005	532		0.06
圣基茨和尼维斯	Saint Kitts and Nevis	1994	71		1.70
圣卢西亚	Saint Lucia	2010	489		2.81
圣文森特和格林纳丁斯	Saint Vincent and the Grenadines	2004	217	166.73	2.00
萨摩亚	Samoa	1994	102		0.61
圣马力诺	San Marino	2010	263		8.42
圣多美和普林西比	Sao Tome and Principe	2012	110		0.58
沙特阿拉伯	Saudi Arabia	2012	498853	260.79	17.11
塞内加尔	Senegal	2005	5078		0.46
塞尔维亚	Serbia	1998	50605	-19.64	5.22
塞舌尔	Seychelles	2000	261		3.22

附录3-6 续表 4 continued 4

国家或地区	Country or Area	最近年份 Latest Year Available	二氧化碳排放量（千吨） CO_2 Emissions (1 000 tonnes)	比1990年增减(%) % Change since 1990 (%)	人均二氧化碳排放量（吨/人） CO_2 Emissions per Capita (tonne / person)
塞拉利昂	Sierra Leone	2005	87		0.02
新加坡	Singapore	2012	46777		8.71
斯洛伐克	Slovakia	2018	36088	-41.45	6.62
斯洛文尼亚	Slovenia	2018	14488	-4.01	6.97
所罗门群岛	Solomon Islands	2000	191		0.46
南非	South Africa	1994	315957	12.47	7.79
南苏丹	South Sudan	2015	1829		0.17
西班牙	Spain	2018	269654	16.63	5.78
斯里兰卡	Sri Lanka	2000	10922		0.58
巴勒斯坦	State of Palestine	2011	1936		0.47
苏丹	Sudan	2000	6183		0.23
苏里南	Suriname	2003	2469		5.06
瑞典	Sweden	2018	41766	-27.17	4.19
瑞士	Switzerland	2018	36895	-16.44	4.33
塔吉克斯坦	Tajikistan	2010	1908	-89.22	0.25
泰国	Thailand	2013	242023		3.55
东帝汶	Timor-Leste	2010	261		0.24
多哥	Togo	2005	1900		0.34
汤加	Tonga	2006	113		1.11
特立尼达和多巴哥	Trinidad and Tobago	1990	14987		12.27
突尼斯	Tunisia	2000	22665		2.33
土耳其	Turkey	2018	419195	176.68	5.09
土库曼斯坦	Turkmenistan	2010	37325		7.34
图瓦卢	Tuvalu	2014	11		1.02
乌干达	Uganda	2000	1371		0.06
乌克兰	Ukraine	2018	231694	-67.17	5.24
阿拉伯联合酋长国	United Arab Emirates	2014	188885		20.50
英国	United Kingdom	2018	380850	-36.65	5.67
坦桑尼亚	United Republic of Tanzania	1994	3226	-0.73	0.11
美国	United States of America	2018	5424882	5.78	16.58
乌拉圭	Uruguay	2017	6530	67.55	1.90
乌兹别克斯坦	Uzbekistan	2012	105529	-6.85	3.58
瓦努阿图	Vanuatu	2000	70		0.38
委内瑞拉	Venezuela (Bolivarian Republic of)	1999	114126		4.81
越南	Viet Nam	2013	156969		1.73
也门	Yemen	2012	23312		0.95
赞比亚	Zambia	2000	1686		0.16
津巴布韦	Zimbabwe	2006	10995		0.90

附录3-7 温室气体排放
Greenhouse Gas Emissions

国家或地区	Country or Area	最近年份 Latest Year Available	温室气体排放总量（千吨二氧化碳当量） Total GHG Emissions (1 000 tonnes of CO_2 equivalent)	比1990年增减（%） % Change since 1990 (%)	人均温室气体排放量（吨二氧化碳当量/人） GHG Emissions per Capita (tonnes of CO_2 equivalent/person)
阿富汗	Afghanistan	2013	43377		1.34
阿尔巴尼亚	Albania	2009	8126	87.16	2.73
阿尔及利亚	Algeria	2000	111023		3.58
安哥拉	Angola	2005	61611		3.17
安提瓜和巴布达	Antigua and Barbuda	2000	598	53.81	7.86
阿根廷	Argentina	2012	338963	46.70	8.12
亚美尼亚	Armenia	2010	7202	-71.14	2.50
澳大利亚	Australia	2018	558047	31.31	22.41
奥地利	Austria	2018	78950	0.58	8.88
阿塞拜疆	Azerbaijan	2013	57995	-20.97	6.18
巴哈马	Bahamas	2000	725	-62.17	2.43
巴林	Bahrain	2000	22373		33.66
孟加拉国	Bangladesh	2005	99442		0.72
巴巴多斯	Barbados	2010	1979	-39.60	7.01
白俄罗斯	Belarus	2018	91993	-33.23	9.73
比利时	Belgium	2018	118456	-19.09	10.32
伯利兹	Belize	2009	1203		3.82
贝宁	Benin	2000	6251		0.91
不丹	Bhutan	2000	1556		2.63
玻利维亚	Bolivia (Plurinational State of)	2004	43665	184.95	4.81
波黑	Bosnia and Herzegovina	2014	25740	-24.39	7.39
博茨瓦纳	Botswana	2015	23978		11.31
巴西	Brazil	2015	1026660	86.83	5.02
文莱	Brunei Darussalam	2010	9489		24.42
保加利亚	Bulgaria	2018	57816	-43.20	8.20
布基纳法索	Burkina Faso	2007	20413		1.43
布隆迪	Burundi	2015	1707		0.17
佛得角	Cabo Verde	2000	448		1.05
柬埔寨	Cambodia	2000	24109		1.98
喀麦隆	Cameroon	2000	28939		1.87
加拿大	Canada	2018	729349	20.91	19.67
中非共和国	Central African Republic	2010	5225		1.19
乍得	Chad	2003	25714		2.74
智利	Chile	2016	108800	117.64	5.98

资料来源：联合国统计司环境统计数据库。
注：温室气体排放总量不包括土地利用、土地利用变化和林业。
Sources:UNSD Environment Statistics Data.
Note: The total emissions exclude LULUCF.

附录3-7　续表 1　continued 1

国家或地区	Country or Area	最近年份 Latest Year Available	温室气体排放总量（千吨二氧化碳当量） Total GHG Emissions (1 000 tonnes of CO_2 equivalent)	比1990年增减(%) % Change since 1990 (%)	人均温室气体排放量（吨二氧化碳当量/人） GHG Emissions per Capita (tonnes of CO_2 equivalent/person)
哥伦比亚	Colombia	2004	153885	29.61	3.66
科摩罗	Comoros	2000	285		0.53
刚果	Congo	2000	2065		0.66
库克群岛	Cook Islands	1994	80		4.21
哥斯达黎加	Costa Rica	2005	12114	98.87	2.83
科特迪瓦	Côte d'Ivoire	2000	271197		16.48
克罗地亚	Croatia	2018	23793	-25.36	5.72
古巴	Cuba	2002	36297	-23.81	3.24
塞浦路斯	Cyprus	2018	8812	54.85	7.41
捷克	Czechia	2018	127450	-35.37	11.95
朝鲜	Democratic People's Republic of Korea	2002	87330	-57.92	3.74
刚果民主共和国	Democratic Republic of the Congo	2003	45999		0.89
丹麦	Denmark	2018	49694	-30.01	8.64
吉布提	Djibouti	2000	1072		1.49
多米尼加	Dominica	2017	212		2.96
多米尼加共和国	Dominican Republic	2010	25231	99.60	2.60
厄瓜多尔	Ecuador	2012	60192	-66.31	3.89
埃及	Egypt	2005	241632	106.98	3.20
萨尔瓦多	El Salvador	2005	11069		1.83
厄立特里亚	Eritrea	2000	3934		1.72
爱沙尼亚	Estonia	2018	19974	-50.41	15.10
斯威士兰	Eswatini	1994	7539		8.31
埃塞俄比亚	Ethiopia	2013	94996	120.83	1.00
斐济	Fiji	2004	2710		3.31
芬兰	Finland	2018	56359	-20.69	10.21
法国	France	2018	452210	-17.99	6.96
加蓬	Gabon	2000	6160		5.01
冈比亚	Gambia	2000	19383		14.71
格鲁吉亚	Georgia	2013	16610	-57.07	4.10
德国	Germany	2018	858369	-31.30	10.33
加纳	Ghana	2006	18227	97.52	0.81
希腊	Greece	2018	92222	-10.73	8.76
格林纳达	Grenada	1994	1606		16.17
危地马拉	Guatemala	2005	22948	55.66	1.75
几内亚	Guinea	2000	47713		5.79
几内亚比绍	Guinea-Bissau	2010	13065		8.58
圭亚那	Guyana	2004	2891	13.24	3.88
海地	Haiti	2000	6683		0.79
洪都拉斯	Honduras	2015	15977		1.75

附录3-7 续表 2 continued 2

国家或地区	Country or Area	最近年份 Latest Year Available	温室气体排放总量(千吨二氧化碳当量) Total GHG Emissions (1 000 tonnes of CO_2 equivalent)	比1990年增减(%) % Change since 1990 (%)	人均温室气体排放量(吨二氧化碳当量/人) GHG Emissions per Capita (tonnes of CO_2 equivalent/person)
匈牙利	Hungary	2018	63220	-32.71	6.51
冰岛	Iceland	2018	4857	30.11	14.42
印度	India	2010	2100850		1.70
印度尼西亚	Indonesia	2000	554333	107.76	2.62
伊朗	Iran (Islamic Republic of)	2000	483669		7.37
伊拉克	Iraq	1997	72658		3.39
爱尔兰	Ireland	2018	60935	9.85	12.65
以色列	Israel	2018	78698		9.39
意大利	Italy	2018	427529	-17.15	7.05
牙买加	Jamaica	2012	14918		5.25
日本	Japan	2018	1238343	-2.50	9.74
约旦	Jordan	2006	27752		4.63
哈萨克斯坦	Kazakhstan	2018	396570	-1.32	21.65
肯尼亚	Kenya	2010	49964		1.19
基里巴斯	Kiribati	2008	170		1.72
科威特	Kuwait	2016	86337		21.82
吉尔吉斯斯坦	Kyrgyzstan	2010	12774	-55.01	2.36
老挝	Lao People's Democratic Republic	2000	8898	29.59	1.67
拉脱维亚	Latvia	2018	11745	-55.32	6.09
黎巴嫩	Lebanon	2013	26135		4.42
莱索托	Lesotho	2000	3513		1.73
利比里亚	Liberia	2000	8022		2.82
列支敦士登	Liechtenstein	2018	181	-20.72	4.78
立陶宛	Lithuania	2018	20267	-57.79	7.23
卢森堡	Luxembourg	2018	10547	-17.22	17.46
马达加斯加	Madagascar	2010	27756		1.31
马拉维	Malawi	1994	7070	-12.11	0.73
马来西亚	Malaysia	2011	287740	327.12	10.04
马尔代夫	Maldives	2015	1536		3.38
马里	Mali	2010	52733		3.50
马耳他	Malta	2018	2186	-14.95	4.98
马绍尔群岛	Marshall Islands	2010	170		3.01
毛里塔尼亚	Mauritania	2000	6944		2.64
毛里求斯	Mauritius	2013	6591		5.25
墨西哥	Mexico	2013	605887	49.91	5.10
密克罗尼西亚	Micronesia (Federated States of)	2000	174		1.62
摩纳哥	Monaco	2018	87	-15.39	2.25
蒙古	Mongolia	2006	17711	-8.32	6.92
黑山	Montenegro	2011	3864	-32.29	6.18

附录3-7 续表 3 continued 3

国家或地区	Country or Area	最近年份 Latest Year Available	温室气体排放总量(千吨二氧化碳当量) Total GHG Emissions (1 000 tonnes of CO_2 equivalent)	比1990年增减(%) % Change since 1990 (%)	人均温室气体排放量(吨二氧化碳当量/人) GHG Emissions per Capita (tonnes of CO_2 equivalent/person)
摩洛哥	Morocco	2012	96108		2.89
莫桑比克	Mozambique	1994	8224	21.24	0.55
缅甸	Myanmar	2005	38375		0.78
纳米比亚	Namibia	2000	9086		5.06
瑙鲁	Nauru	2010	42		4.21
尼泊尔	Nepal	2000	26031		1.09
荷兰	Netherlands	2018	187756	-14.94	11.01
新西兰	New Zealand	2018	78862	24.02	16.63
尼加拉瓜	Nicaragua	2000	11981		2.36
尼日尔	Niger	2008	15520	219.84	1.02
尼日利亚	Nigeria	2000	212444		1.74
纽埃	Niue	2009	26		16.08
北马其顿	North Macedonia	2009	11491	-13.32	5.55
挪威	Norway	2018	52022	1.09	9.75
阿曼	Oman	1994	20879		9.72
巴基斯坦	Pakistan	2015	394583		1.98
帕劳	Palau	2005	346		17.51
巴拿马	Panama	2000	9708		3.20
巴布亚新几内亚	Papua New Guinea	2000	10196		1.74
巴拉圭	Paraguay	2012	45231	-19.51	7.04
秘鲁	Peru	2012	84564		2.87
菲律宾	Philippines	2000	126879		1.63
波兰	Poland	2018	412856	-13.10	10.89
葡萄牙	Portugal	2018	67280	14.89	6.56
卡塔尔	Qatar	2007	61593		50.55
韩国	Republic of Korea	2016	693943	136.87	13.61
摩尔多瓦	Republic of Moldova	2013	12836	-70.44	3.15
罗马尼亚	Romania	2018	116115	-53.18	5.95
俄罗斯联邦	Russian Federation	2018	2220123	-30.35	15.23
卢旺达	Rwanda	2005	6180		0.70
圣基茨和尼维斯	Saint Kitts and Nevis	1994	164		3.95
圣卢西亚	Saint Lucia	2010	648		3.72
圣文森特和格林纳	Saint Vincent and the Grenadines	2004	381	-2.84	3.51
萨摩亚	Samoa	1994	561		3.32
圣马力诺	San Marino	2010	267		8.56
圣多美和普林西比	Sao Tome and Principe	2012	153		0.81
沙特阿拉伯	Saudi Arabia	2012	548263	231.74	18.81
塞内加尔	Senegal	2005	13580		1.22
塞尔维亚	Serbia	1998	66342	-17.90	6.85

附录3-7 续表 4 continued 4

国家或地区	Country or Area	最近年份 Latest Year Available	温室气体排放总量（千吨二氧化碳当量） Total GHG Emissions (1 000 tonnes of CO_2 equivalent)	比1990年增减(%) % Change since 1990 (%)	人均温室气体排放量（吨二氧化碳当量/人） GHG Emissions per Capita (tonnes of CO_2 equivalent/person)
塞舌尔	Seychelles	2000	330		4.08
新加坡	Singapore	2012	48334		9.00
斯洛伐克	Slovakia	2018	43348	-41.04	7.95
斯洛文尼亚	Slovenia	2018	17502	-5.95	8.42
所罗门群岛	Solomon Islands	2010	619		1.17
南非	South Africa	1994	379837	9.35	9.36
南苏丹	South Sudan	2015	33638		3.14
西班牙	Spain	2018	334255	15.51	7.16
斯里兰卡	Sri Lanka	2000	18797		1.00
巴勒斯坦	State of Palestine	2011	3262		0.79
苏丹	Sudan	2000	67840		2.49
苏里南	Suriname	2003	3330		6.82
瑞典	Sweden	2018	51779	-27.26	5.19
瑞士	Switzerland	2018	46333	-13.85	5.43
叙利亚	Syrian Arab Republic	2005	79216		4.31
塔吉克斯坦	Tajikistan	2010	8184	-66.16	1.09
泰国	Thailand	2013	318661		4.68
东帝汶	Timor-Leste	2010	1277		1.17
多哥	Togo	2005	6158		1.10
汤加	Tonga	2006	192		1.89
特立尼达和多巴哥	Trinidad and Tobago	1990	16006		13.11
突尼斯	Tunisia	2000	34238		3.53
土耳其	Turkey	2018	520942	137.47	6.33
土库曼斯坦	Turkmenistan	2010	66367		13.05
图瓦卢	Tuvalu	2014	18		1.68
乌干达	Uganda	2000	27560		1.17
乌克兰	Ukraine	2018	339244	-63.99	7.67
阿拉伯联合酋长国	United Arab Emirates	2014	199879		21.69
英国	United Kingdom	2018	465932	-41.60	6.94
坦桑尼亚	United Republic of Tanzania	1994	39237	0.64	1.36
美国	United States of America	2018	6676650	3.72	20.41
乌拉圭	Uruguay	2017	32006	24.74	9.31
乌兹别克斯坦	Uzbekistan	2012	205270	13.84	6.97
瓦努阿图	Vanuatu	2000	586		3.17
委内瑞拉	Venezuela (Bolivarian Republic of)	1999	192192		8.10
越南	Viet Nam	2013	278442		3.07
也门	Yemen	2012	37943		1.55
赞比亚	Zambia	2000	14405		1.38
津巴布韦	Zimbabwe	2006	21185		1.74

附录3-8 能源供应与可再生电力生产(2017年)
Energy Supply and Renewable Electricity Production (2017)

国家或地区	Country or Area	能源供应量(10^{15}焦耳) Energy Supply (Petajoules)	人均能源供应量(10^{9}焦耳) Energy Supply per Capita (Gigajoules)	可再生电力生产占比(%) Contribution of Renewables to Electricity Production (%)
阿富汗	Afghanistan	123	3	84.70
阿尔巴尼亚	Albania	100	34	100.00
阿尔及利亚	Algeria	2289	55	0.84
安道尔	Andorra	9	117	83.96
安哥拉	Angola	618	21	71.40
安圭拉	Anguilla	2	136	
安提瓜和巴布达岛	Antigua and Barbuda	7	69	2.55
阿根廷	Argentina	3385	76	29.03
亚美尼亚	Armenia	137	47	29.28
阿鲁巴	Aruba	13	123	14.11
澳大利亚	Australia	5353	219	14.32
奥地利	Austria	1404	161	70.25
阿塞拜疆	Azerbaijan	602	61	7.42
巴哈马	Bahamas	29	72	
巴林	Bahrain	580	389	0.03
孟加拉国	Bangladesh	1925	12	1.67
巴巴多斯	Barbados	16	55	2.80
白俄罗斯	Belarus	1081	114	1.71
比利时	Belgium	2301	201	13.53
伯利兹	Belize	16	43	48.74
贝宁	Benin	213	19	1.81
百慕大	Bermuda	9	151	
不丹	Bhutan	67	83	99.99
玻利维亚	Bolivia (Plurinational State of)	371	34	23.13
波黑	Bosnia and Herzegovina	278	79	24.38
博茨瓦纳	Botswana	99	43	0.07
巴西	Brazil	12900	62	70.24
英属维尔京群岛	British Virgin Islands	2	77	0.67
文莱	Brunei Darussalam	153	356	0.05
保加利亚	Bulgaria	781	110	14.11
布基纳法索	Burkina Faso	185	10	12.51

资料来源：联合国统计司环境统计数据库。
Sources:UNSD Environment Statistics Data.

附录3-8 续表 1 continued 1

国家或地区	Country or Area	能源供应量 (10^{15}焦耳) Energy Supply (Petajoules)	人均能源供应量 (10^{9}焦耳) Energy Supply per Capita (Gigajoules)	可再生电力生产占比 (%) Contribution of Renewables to Electricity Production (%)
布隆迪	Burundi	63	6	54.35
佛得角	Cabo Verde	10	18	16.87
柬埔寨	Cambodia	339	21	39.13
喀麦隆	Cameroon	388	16	51.31
加拿大	Canada	12088	330	64.59
开曼群岛	Cayman Islands	8	135	
中非共和国	Central African Republic	23	5	99.35
乍得	Chad	85	6	
智利	Chile	1603	89	36.28
中国香港	China, Hong Kong SAR	587	80	
中国澳门	China, Macao SAR	48	78	
哥伦比亚	Colombia	1677	34	76.52
科摩罗	Comoros	6	8	
刚果	Congo	124	24	44.23
库克群岛	Cook Islands	1	56	10.81
哥斯达黎加	Costa Rica	212	43	98.05
科特迪瓦	Cote d'Ivoire	458	19	20.23
克罗地亚	Croatia	364	87	56.66
古巴	Cuba	404	35	0.80
库拉索岛	Curaçao	76	473	38.61
塞浦路斯	Cyprus	94	79	7.65
捷克	Czech Republic	1818	171	6.81
刚果民主共和国	Democratic Republic of the Congo	1246	15	99.71
丹麦	Denmark	720	126	50.09
吉布提	Djibouti	9	9	
多米尼加	Dominica	2	33	20.77
多米尼加共和国	Dominican Republic	344	32	14.32
厄瓜多尔	Ecuador	615	37	72.05
埃及	Egypt	4012	41	8.02
萨尔瓦多	El Salvador	175	27	61.31
赤道几内亚	Equatorial Guinea	49	39	23.53
厄立特里亚	Eritrea	37	11	0.94
爱沙尼亚	Estonia	243	185	99.68
斯瓦蒂尼	Eswatini	44	39	5.80
埃塞俄比亚	Ethiopia	1534	15	28.26
法罗群岛	Faeroe Islands	10	210	51.20
福克兰群岛(马尔维纳斯群岛)	Falkland Islands (Malvinas)	1	183	25.00

附录3-8　续表 2　continued 2

国家或地区	Country or Area	能源供应量（10^{15}焦耳）Energy Supply (Petajoules)	人均能源供应量（10^{9}焦耳）Energy Supply per Capita (Gigajoules)	可再生电力生产占比（%）Contribution of Renewables to Electricity Production (%)
斐济	Fiji	34	38	48.91
芬兰	Finland	1385	251	29.64
法国	France	10278	153	16.14
法属波利尼西亚	French Polynesia	11	40	37.07
加蓬	Gabon	109	54	39.23
冈比亚	Gambia	14	7	
佐治亚州	Georgia	204	52	80.63
德国	Germany	12999	158	26.48
加纳	Ghana	315	11	39.61
直布罗陀	Gibraltar	11	309	
希腊	Greece	966	87	24.55
格陵兰	Greenland	9	156	74.90
格林纳达	Grenada	4	40	
危地马拉	Guatemala	530	31	52.61
根西	Guernsey	1	18	
几内亚	Guinea	156	12	24.42
几内亚比绍	Guinea-Bissau	31	17	
圭亚那	Guyana	37	47	0.18
海地	Haiti	188	17	12.12
洪都拉斯	Honduras	252	27	50.11
匈牙利	Hungary	1115	115	4.29
冰岛	Iceland	327	977	99.99
印度	India	38083	28	15.73
印度尼西亚	Indonesia	9959	38	11.24
伊朗	Iran (Islamic Republic of)	10987	135	5.02
伊拉克	Iraq	2521	66	2.59
爱尔兰	Ireland	574	121	27.05
马恩岛	Isle of Man	4	53	
以色列	Israel	965	116	2.86
意大利	Italy	6437	108	29.41
牙买加	Jamaica	111	38	11.17
日本	Japan	18116	142	16.34
泽西	Jersey	3	29	
约旦	Jordan	384	40	5.19
哈萨克斯坦	Kazakhstan	3335	183	11.29
肯尼亚	Kenya	932	19	74.97
基里巴斯	Kiribati	1	12	16.13

附录3-8 续表 3 continued 3

国家或地区	Country or Area	能源供应量（10^{15}焦耳）Energy Supply (Petajoules)	人均能源供应量（10^{9}焦耳）Energy Supply per Capita (Gigajoules)	可再生电力生产占比（%）Contribution of Renewables to Electricity Production (%)
朝鲜	Korea, Democratic People's Republic of	307	12	78.48
韩国	Korea, Republic of	11821	232	3.23
科索沃	Kosovo	108	59	3.04
科威特	Kuwait	1584	383	0.00
吉尔吉斯斯坦	Kyrgyzstan	162	27	91.55
老挝	Lao People's Democratic Republic	237	35	62.97
拉脱维亚	Latvia	185	95	60.16
黎巴嫩	Lebanon	369	54	1.95
莱索托	Lesotho	48	21	99.80
利比里亚	Liberia	97	21	9.15
利比亚	Libya	555	87	0.02
列支敦士登	Liechtenstein	3	89	97.85
立陶宛	Lithuania	313	108	68.38
卢森堡	Luxembourg	160	274	79.01
马达加斯加	Madagascar	322	13	40.03
马拉维	Malawi	84	5	90.86
马来西亚	Malaysia	3482	110	16.36
马尔代夫	Maldives	22	43	2.44
马里	Mali	96	5	56.14
马耳他	Malta	29	66	9.42
马绍尔群岛	Marshall Islands	2	43	2.25
毛里塔尼亚	Mauritania	73	17	21.11
毛里求斯	Mauritius	69	55	4.60
墨西哥	Mexico	7622	59	15.36
密克罗尼西亚	Micronesia (Federated States of)	2	20	2.90
蒙古	Mongolia	395	128	
黑山	Montenegro	43	68	45.71
蒙特塞拉特岛	Montserrat		72	
摩洛哥	Morocco	869	24	19.03
莫桑比克	Mozambique	452	15	82.76
缅甸	Myanmar	854	16	56.10
纳米比亚	Namibia	82	32	96.02
瑙鲁	Nauru	1	55	2.78
尼泊尔	Nepal	571	19	100.00
荷兰	Netherlands	3085	181	11.05
新喀里多尼亚	New Caledonia	68	246	13.44
新西兰	New Zealand	955	203	79.97
尼加拉瓜	Nicaragua	167	27	41.28

附录3-8 续表 4 continued 4

国家或地区	Country or Area	能源供应量(10^{15}焦耳) Energy Supply (Petajoules)	人均能源供应量(10^9焦耳) Energy Supply per Capita (Gigajoules)	可再生电力生产占比(%) Contribution of Renewables to Electricity Production (%)
尼日尔	Niger	85	4	2.65
尼日利亚	Nigeria	6568	34	17.22
纽埃	Niue		60	
北马其顿	North Macedonia	119	57	23.14
挪威	Norway	1235	233	97.84
阿曼	Oman	1102	238	
巴基斯坦	Pakistan	4280	22	27.69
帕劳	Palau	3	182	
巴拿马	Panama	197	48	71.58
巴布亚新几内亚	Papua New Guinea	168	20	28.70
巴拉圭	Paraguay	288	42	100.00
秘鲁	Peru	960	30	57.79
菲律宾	Philippines	2321	22	23.18
波兰	Poland	4384	115	10.66
葡萄牙	Portugal	951	92	35.48
波多黎各	Puerto Rico	50	16	2.23
卡塔尔	Qatar	1798	681	
摩尔多瓦	Republic of Moldova	114	28	73.57
罗马尼亚	Romania	1401	71	37.50
俄罗斯联邦	Russian Federation	31182	217	17.20
卢旺达	Rwanda	99	8	49.28
圣基茨岛和尼维斯	Saint Kitts and Nevis	3	63	5.07
圣露西亚	Saint Lucia	5	29	
圣皮埃尔和密克隆	Saint Pierre and Miquelon	1	171	
圣文森特和格林纳丁斯	Saint Vincent and the Grenadines	4	35	10.46
萨摩亚	Samoa	5	25	33.78
圣多美和普林西比	Sao Tome and Principe	3	14	7.78
沙特阿拉伯	Saudi Arabia	8946	272	0.00
塞内加尔	Senegal	168	11	2.96
塞尔维亚	Serbia	647	93	26.49
塞舌尔	Seychelles	8	86	1.95
塞拉利昂	Sierra Leone	68	9	72.28
新加坡	Singapore	1166	204	0.32
圣马丁岛(荷兰部分)	Sint Maarten (Dutch part)	12	292	
斯洛伐克	Slovakia	717	132	19.07
斯洛文尼亚	Slovenia	289	139	27.14
所罗门群岛	Solomon Islands	7	12	0.94

附录3-8 续表 5 continued 5

国家或地区	Country or Area	能源供应量(10^{15}焦耳) Energy Supply (Petajoules)	人均能源供应量(10^9焦耳) Energy Supply per Capita (Gigajoules)	可再生电力生产占比(%) Contribution of Renewables to Electricity Production (%)
索马里	Somalia	148	10	
南非	South Africa	5910	104	5.39
南苏丹	South Sudan	28	3	0.55
西班牙	Spain	5227	113	30.71
斯里兰卡	Sri Lanka	461	22	30.81
巴勒斯坦	State of Palestine	78	16	8.24
苏丹	Sudan	532	13	59.69
苏里南	Suriname	40	71	43.93
瑞典	Sweden	2033	205	50.54
瑞士	Switzerland	988	116	61.58
叙利亚	Syrian Arab Republic	374	20	4.14
塔吉克斯坦	Tajikistan	187	21	94.43
泰国	Thailand	5777	84	8.14
东帝汶	Timor-Leste	8	6	
多哥	Togo	154	20	29.71
汤加	Tonga	2	20	6.45
特立尼达和多巴哥	Trinidad and Tobago	703	514	0.04
突尼斯	Tunisia	473	41	4.04
土耳其	Turkey	6138	76	28.92
土库曼斯坦	Turkmenistan	1158	201	
特克斯和凯科斯群岛	Turks and Caicos Islands	3	91	0.84
乌干达	Uganda	693	16	89.83
乌克兰	Ukraine	3739	85	7.88
阿拉伯联合酋长国	United Arab Emirates	3042	324	0.59
英国	United Kingdom	7353	111	20.79
坦桑尼亚联合共和国	United Republic of Tanzania	855	15	29.69
美国	United States of America	90228	278	15.81
乌拉圭	Uruguay	217	63	80.43
乌兹别克斯坦	Uzbekistan	1880	59	13.81
瓦努阿图	Vanuatu	3	11	21.92
委内瑞拉	Venezuela (Bolivarian Republic of)	2064	65	53.50
越南	Viet Nam	2980	31	44.91
也门	Yemen	142	5	13.77
赞比亚	Zambia	501	29	85.99
津巴布韦	Zimbabwe	474	33	52.61

附录3-9　危险废物产生量
Hazardous Waste Generation

单位：千吨　　(1 000 tonnes)

国家或地区	Country or Area	1995	2000	2005	2010	2015	2016	2017	2018	2019
阿尔及利亚	Algeria	185.0								
安道尔	Andorra					1.8	1.9	1.5	1.4	1.3
阿根廷	Argentina						732.2	1003.1	779.7	771.4
亚美尼亚	Armenia		381.6	346.3	435.4	555.1	615.5	537.8	510.9	570.5
奥地利	Austria				1472.9		1261.0		1314.2	
阿塞拜疆	Azerbaijan	27.0	26.6	12.8	140.0	262.6	632.6	266.0	338.7	317.4
巴林	Bahrain	136.0	140.0	38.2	72.4	74.9	72.4	71.8	81.2	92.5
白俄罗斯	Belarus	90.3	73.0	192.0	918.2	1207.8	1626.6	1668.1	2199.4	2065.3
比利时	Belgium				4767.3		3812.9		3490.0	
伯利兹	Belize		0.8							
贝宁	Benin									
百慕大群岛	Bermuda				0.6	0.6	0.6	0.5	1.5	1.8
不丹	Bhutan							0.4		0.4
波黑	Bosnia and Herzegovina						13.3		14.2	
保加利亚	Bulgaria				13553.5		13328.4		13432.1	
布基纳法索	Burkina Faso			0.4	0.0					
佛得角	Cabo Verde									
喀麦隆	Cameroon			9.4						
中国香港	China, Hong Kong SAR	97.1	91.6	47.1	40.8	33.7				
中国澳门	China, Macao SAR		4.2	5.9	12.4	23.7	21.1	19.8		
克罗地亚	Croatia				72.6		174.3		174.4	
古巴	Cuba			941.4	660.8	302.9	230.9	235.1	385.6	261.8
塞浦路斯	Cyprus				37.3		159.1		224.3	
捷克	Czechia				1362.9		1088.7		1690.1	
丹麦	Denmark				1224.8		2010.7		2091.9	
多米尼加	Dominica									
厄瓜多尔	Ecuador					9.9	10.9	12.4	14.9	
爱沙尼亚	Estonia				8961.7		9682.2		10880.3	
斐济	Fiji				3.5	11.9	13.0	14.3		
芬兰	Finland				2559.4		2388.5		1899.4	
法国	France				11538.1		11010.3		12098.0	
法属圭亚那	French Guiana				0.6	1.2		0.9	1.6	2.3

资料来源：联合国统计司环境统计数据库。
Sources:UNSD Environment Statistics Data.

附录3-9　续表 1　continued 1

单位：千吨　　(1 000 tonnes)

国家或地区	Country or Area	1995	2000	2005	2010	2015	2016	2017	2018	2019
德国	Germany				19931.5		23039.2		24194.1	
瓜德罗普岛	Guadeloupe				7.5	22.0	10.0	11.0	11.4	12.0
危地马拉	Guatemala			599.0	301.4	11.4	4.9	15.6		
匈牙利	Hungary				540.6		457.1		542.8	
冰岛	Iceland				8.3		47.9		32.4	
印度	India		7243.8			7803.5	5150.5	7172.8	9441.9	8639.2
伊拉克	Iraq				15.5	20.6	19.1	17.2	21.1	26.0
爱尔兰	Ireland				1972.2		534.0		630.5	
意大利	Italy				8543.4		9707.0		10137.8	
牙买加	Jamaica		10.0	10.0						
约旦	Jordan			71.4	62.0					
哈萨克斯坦	Kazakhstan			1684318.5	303117.0	251565.6	151391.1	126874.3	149962.4	180506.8
肯尼亚	Kenya							38.3		
科威特	Kuwait							5.0		
吉尔吉斯斯坦	Kyrgyzstan	472.3	6304.1	6206.2	5806.8	10498.9	12377.5	12648.2		
拉脱维亚	Latvia				67.9		66.2		77.3	
黎巴嫩	Lebanon									
立陶宛	Lithuania				105.3		176.0		192.9	
卢森堡	Luxembourg				380.1		356.6		430.6	
马达加斯加	Madagascar									
马来西亚	Malaysia		344.6	548.9	3087.5	2918.5	2766.6	2017.3	2355.1	4013.2
马耳他	Malta				24.9		134.0		30.3	
马提尼克	Martinique				4.1	8.0	15.7	8.8	19.3	4.4
毛里求斯	Mauritius				7.8	19.9	20.7	21.6		
摩纳哥	Monaco	0.3	0.3	0.5		0.3	0.4	0.2		
蒙古	Mongolia									316.4
摩洛哥	Morocco		119.0							
缅甸	Myanmar					0.4	0.5	0.8		
荷兰	Netherlands				4486.5		5134.2		5158.6	
尼日尔	Niger			554.0						
北马其顿	North Macedonia				149.5		57.0		20.5	
挪威	Norway				1763.0		1621.1		1634.6	

附录3-9　续表 2　continued 2

单位：千吨　　　　(1 000 tonnes)

国家或地区	Country or Area	1995	2000	2005	2010	2015	2016	2017	2018	2019
巴拿马	Panama	0.2	0.3	1.5	3.0					
菲律宾	Philippines				1346.5	4335.7	1485.8	2098.5		
波兰	Poland				1491.8		1917.1		3804.7	
葡萄牙	Portugal				681.2		834.6		1114.7	
摩尔多瓦	Republic of Moldova	2.9	2.9	1.7	0.9	7.3	6.1	8.7	11.0	8.7
罗马尼亚	Romania				695.7		625.0		736.9	
俄罗斯联邦	Russian Federation			142496.7	114366.6	110084.1	98263.5	107729.3	127625.0	100599.0
留尼旺	Réunion		9.8		4.8	7.9	8.5	9.0	8.2	9.8
沙特阿拉伯	Saudi Arabia						559.3	900.0	808.3	889.1
塞内加尔	Senegal									
新加坡	Singapore	64.9	121.5	339.0	434.0	446.9	479.0	471.5	538.4	450.0
斯洛伐克	Slovakia				415.5		496.1		450.1	
斯洛文尼亚	Slovenia				117.2		123.6		129.0	
南非	South Africa							52076.7		
西班牙	Spain				2991.2		3183.8		3224.2	
斯里兰卡	Sri Lanka									
巴勒斯坦	State of Palestine		5.0	5.7	4.1					
苏里南	Suriname				0.0	0.0	0.0	0.0	0.0	0.0
瑞典	Sweden				2527.8		2379.2		2882.1	
叙利亚	Syrian Arab Republic									
泰国	Thailand		1649.0	1813.5	3160.0	3445.0	3462.0		2271.0	1750.0
多哥	Togo									
特立尼达和多巴哥	Trinidad and Tobago			31.9		123.9				
突尼斯	Tunisia									
土耳其	Turkey				3225.8		5550.8		14917.9	
乌克兰	Ukraine	3562.9	2613.2	2411.8	1660.0	587.3	621.0	605.3	627.4	553.0
阿联酋	United Arab Emirates				340.7	416.1	368.6	510.6	611.0	697.4
英国	United Kingdom				5242.9		6038.3		6195.0	
坦桑尼亚	United Republic of Tanzania	0.0	0.0	0.0	0.1	0.1				
乌兹别克斯坦	Uzbekistan					39.4	42.9	84.4		
也门	Yemen	38.2								
赞比亚	Zambia		50.0	80.0						

附录3-10　城市垃圾处理
Municipal Waste Treatment

国家或地区	Country or Area	最近年份 Latest Year Available	城市垃圾收集量（千吨） Municipal Waste Collected (1 000 tonnes)	填埋 Municipal Waste Landfilled (%)	焚烧 Municipal Waste Incinerated (%)	回收利用 Municipal Waste Recycled (%)	堆肥 Municipal Waste Composted (%)
阿尔巴尼亚	Albania	2019	1087	18.7			80.2
阿尔及利亚	Algeria	2017	6000				
安道尔	Andorra	2019	38			100.0	
安圭拉	Anguilla	2008	15				100.0
安提瓜和巴布达	Antigua and Barbuda	2019	132				100.0
阿根廷	Argentina	2019	18959	5.7			92.5
亚美尼亚	Armenia	2019	473				100.0
澳大利亚	Australia	2017	13751	28.0	17.6		53.8
奥地利	Austria	2019	5220	26.1	32.1	32.1	2.0
阿塞拜疆	Azerbaijan	2019	2022	69.4	26.8		
巴林	Bahrain	2019	1797	19.8			
孟加拉国	Bangladesh	2014	4842	15.0			84.2
白俄罗斯	Belarus	2019	3785	20.7	0.9	0.8	77.5
比利时	Belgium	2019	4779	34.1	20.5	20.5	0.9
伯利兹	Belize	2000	69				100.0
百慕大	Bermuda	2019	86	0.5	12.7	75.2	11.6
不丹	Bhutan	2017	41	15.0	1.0	15.0	60.0
波黑	Bosnia and Herzegovina	2019	1228				88.5
博茨瓦纳	Botswana	2017	241	98.9	0.4	0.6	
巴西	Brazil	2015	34019		0.0	3.0	0.8
英属维尔京群岛	British Virgin Islands	2005	37			80.3	
保加利亚	Bulgaria	2018	2862	29.7	1.8	1.8	61.1
布隆迪	Burundi	2019	24				
佛得角	Cabo Verde	2015	146				100.0
喀麦隆	Cameroon	2009	7249	0.4			99.6
智利	Chile	2018	8177	0.5			99.2

资料来源：联合国统计司环境统计数据库。
Sources:UNSD Environment Statistics Data.

附录3-10 续表 1 continued 1

国家或地区	Country or Area	最近年份 Latest Year Available	城市垃圾收集量（千吨） Municipal Waste Collected (1 000 tonnes)	填埋 Municipal Waste Landfilled (%)	焚烧 Municipal Waste Incinerated (%)	回收利用 Municipal Waste Recycled (%)	堆肥 Municipal Waste Composted (%)
中国香港	China, Hong Kong SAR	2015	5741	35.4			64.6
中国澳门	China, Macao SAR	2015	517				
哥伦比亚	Colombia	2018	12083				90.0
哥斯达黎加	Costa Rica	2019	1344	3.0			86.5
克罗地亚	Croatia	2019	1812	26.7	3.5	3.5	59.2
古巴	Cuba	2019	5782	3.4	1.9		94.7
库拉索	Curaçao	2017	173	8.2		0.0	91.8
塞浦路斯	Cyprus	2019	571	14.9	1.4	1.4	66.4
捷克	Czechia	2019	5338	22.0	11.3	11.3	46.2
丹麦	Denmark	2019	4907	33.5	18.0	18.0	0.9
厄瓜多尔	Ecuador	2018	4650				
埃及	Egypt	2012	94868	2.1			20.0
爱沙尼亚	Estonia	2019	490	28.4	2.4	2.4	17.3
斐济	Fiji	2017	67067				
芬兰	Finland	2019	3123	29.3	14.2	14.2	1.0
法国	France	2019	37397	23.4	20.5	20.5	21.8
法属圭亚那	French Guiana	2016	77		0.4		99.6
法属波利尼西亚	French Polynesia	2014	84	8.6	15.2		76.1
德国	Germany	2019	50612	48.0	18.7	18.7	0.8
加纳	Ghana	2017	4113	5.0			95.0
瓜德罗普岛	Guadeloupe	2016	253	7.2	30.9	4.8	57.2
匈牙利	Hungary	2019	3780	26.6	9.3	9.3	50.7
冰岛	Iceland	2018	247				59.9
爱尔兰	Ireland	2019	3086	27.8	9.6	9.6	15.3
以色列	Israel	2019	5759	6.8			76.5
意大利	Italy	2019	30023	30.1	21.3	21.3	20.9
牙买加	Jamaica	2006	1464				

附录3-10　续表 2　continued 2

国家或地区	Country or Area	最近年份 Latest Year Available	城市垃圾收集量（千吨） Municipal Waste Collected (1 000 tonnes)	填埋 Municipal Waste Landfilled (%)	焚烧 Municipal Waste Incinerated (%)	回收利用 Municipal Waste Recycled (%)	堆肥 Municipal Waste Composted (%)
日本	Japan	2018	42716	19.6	0.4	78.9	1.0
约旦	Jordan	2018	3466				100.0
哈萨克斯坦	Kazakhstan	2019	3674	11.1			68.6
肯尼亚	Kenya	2019	1457				100.0
科威特	Kuwait	2017	18398	7.3			92.7
吉尔吉斯斯坦	Kyrgyzstan	2017	1404				100.0
拉脱维亚	Latvia	2019	840	36.0	5.0	5.0	57.4
黎巴嫩	Lebanon	2012	1940	8.0	11.0		81.0
列支敦士登	Liechtenstein	2019	6		100.0		
立陶宛	Lithuania	2019	1319	27.5	22.2	22.2	21.5
卢森堡	Luxembourg	2019	491	29.7	19.1	19.1	4.5
马达加斯加	Madagascar	2007	420		3.5		96.5
马来西亚	Malaysia	2019	2628				48.6
马尔代夫	Maldives	2014	325				
马耳他	Malta	2019	351	9.1			91.5
马绍尔群岛	Marshall Islands	2007	26	30.8	6.0		
马提尼克	Martinique	2016	264	3.6	16.0	48.1	30.5
毛里求斯	Mauritius	2017	497		2.9		97.1
新墨西哥州	Mexico	2012	42103	5.0			
慕尼黑	Monaco	2017	41			100.0	
摩洛哥	Morocco	2015	5817	10.0			90.0
尼泊尔	Nepal	2012	1	20.0			80.0
荷兰	Netherlands	2019	8806	27.7	29.2	29.2	1.4
新西兰	New Zealand	2018	3705				100.0
尼日尔	Niger	2005	7800	5.0		15.0	80.0
北马其顿	North Macedonia	2019	916				69.0
挪威	Norway	2019	4151	29.9	11.0	11.0	3.7
巴拿马	Panama	2019	792				100.0
秘鲁	Peru	2019	6789	0.8	0.3		
波兰	Poland	2019	12753	25.0	9.0	9.0	43.0
葡萄牙	Portugal	2019	5281	12.2	16.7	16.7	47.4
卡塔尔	Qatar	2019	2587	0.7			99.3
韩国	Republic of Korea	2018	20453	61.6	0.4	22.2	11.7
摩尔多瓦	Republic of Moldova	2019	3495				100.0
罗马尼亚	Romania	2019	5430	7.1	4.4	4.4	75.9
留尼汪	Réunion	2016	571	16.4	4.7		78.9

附录3-10 续表 3 continued 3

国家或地区	Country or Area	最近年份 Latest Year Available	城市垃圾收集量（千吨） Municipal Waste Collected (1 000 tonnes)	填埋 Municipal Waste Landfilled (%)	焚烧 Municipal Waste Incinerated (%)	回收利用 Municipal Waste Recycled (%)	堆肥 Municipal Waste Composted (%)
圣卢西亚	Saint Lucia	2019	79				100.0
圣文森特和格林纳丁斯	Saint Vincent and the Grenadines	2002	38	15.1			84.9
萨摩亚	Samoa	2017	15	5.6	1.0		93.4
塞内加尔	Senegal	2005	465				
塞尔维亚	Serbia	2015	1374	1.0			99.0
新加坡	Singapore	2019	7234	58.7		37.9	3.3
斯洛伐克	Slovakia	2019	2299	26.8	11.7	11.7	52.1
斯洛文尼亚	Slovenia	2017	974	42.3		18.1	
西班牙	Spain	2019	22262	19.7	19.7		
斯里兰卡	Sri Lanka	2016	1378				
巴勒斯坦	State of Palestine	2016	1699				
瑞典	Sweden	2019	4611	32.5	14.2	14.2	0.8
瑞士	Switzerland	2019	6079	29.9	23.1	23.1	
泰国	Thailand	2019	23219	37.5	2.0	4.7	35.7
多哥	Togo	2012	197	2.0	1.8		
突尼斯	Tunisia	2004	1316		0.1		99.9
土耳其	Turkey	2019	35017	11.1	0.4	0.4	81.8
乌干达	Uganda	2017	776				
乌克兰	Ukraine	2019	11793	0.0		1.7	60.2
阿拉伯联合酋长国	United Arab Emirates	2019	5618	20.6	0.1		79.2
英国	United Kingdom	2019	30707	27.3	17.6		11.3
坦桑尼亚	United Republic of Tanzania	2019	30				
美国	United States of America	2018	265224	23.6	8.5	11.8	50.0
乌拉圭	Uruguay	2000	910				
赞比亚	Zambia	2005	389				
津巴布韦	Zimbabwe	2017	733	6	0	1	

附录3-11　农业用地

国家或地区	Country or Area	2020年 农业用地 (平方公里) Agricultural Land Area in 2019 (km²)	比1990年 农业用地增减 (%) % Change of Agricultural Land Area since 1990 (%)
阿富汗	Afghanistan	383560	0.8
阿尔巴尼亚	Albania	11656	4.0
阿尔及利亚	Algeria	413588	6.9
美属萨摩亚	American Samoa	40	26.5
安道尔	Andorra	187	-18.6
安哥拉	Angola	569525	-0.8
安提瓜和巴布达	Antigua and Barbuda	90	
阿根廷	Argentina	1083818	-15.0
亚美尼亚	Armenia	16760	-0.1
阿鲁巴	Aruba	20	
澳大利亚	Australia	3557750	-23.4
奥地利	Austria	26468	-12.5
阿塞拜疆	Azerbaijan	47801	0.0
巴哈马	Bahamas	140	16.7
巴林	Bahrain	86	7.5
孟加拉国	Bangladesh	99010	-4.7
巴巴多斯	Barbados	100	-47.4
白俄罗斯	Belarus	82810	-1.3
比利时	Belgium	13646	0.6
伯利兹	Belize	1720	36.5
贝宁	Benin	39500	74.0
百慕大	Bermuda	3	
不丹	Bhutan	5130	13.0
玻利维亚	Bolivia	377870	6.6
波黑	Bosnia and Herzegovina	22160	
博茨瓦纳	Botswana	258620	-0.6
巴西	Brazil	2368788	0.8
英属维尔京群岛	British Virgin Islands	70	-12.5
文莱	Brunei Darussalam	134	21.8
保加利亚	Bulgaria	50470	-18.1
布基纳法索	Burkina Faso	121430	26.8
布隆迪	Burundi	20330	-3.6
佛得角	Cabo Verde	790	16.2
柬埔寨	Cambodia	57890	29.9
喀麦隆	Cameroon	97500	6.3
加拿大	Canada	577430	-6.0
开曼群岛	Cayman Islands	27	

资料来源：联合国粮农组织。

Agricultural Land

2020年 耕地面积 (平方公里) Arable Land in 2019 (km²)	2020年 永久性作物面积 (平方公里) Land under Permanent Crops in 2019 (km²)	2020年 永久性牧草地面积 (平方公里) Land under Permanent Meadows and Pastures in 2019 (km²)	2020年 农业灌溉面积 (平方公里) Agricultural Area Actually Irrigated in 2019 (km²)
78290	2650	302620	24930
5996	880	4780	1820
75050	10120	328418	
32	8	1	
7		180	
49000	3150	517375	
40	10	40	
326328	10680	746810	
4440	600	11720	1554
20			
306440	3520	3247790	15210
13211	669	12588	
20843	2727	24230	14649
80	40	20	
16	30	40	
80000	13010	6000	81270
70	10	20	
56600	1000	25210	303
8649	236	4761	
900	320	500	
28000	6000	5500	
3			
940	60	4130	
45400	2470	330000	
10150	1060	10950	
2600	20	256000	
557620	77560	1733608	
10	10	50	
40	60	34	
34920	1520	14040	
60000	1430	60000	
12000	3500	4830	
500	40	250	
38760	4130	15000	
62000	15500	20000	
382350	1670	193420	
2	5	20	

Sources: Food and Agriculture Organization of the United Nations (FAO).

附录3-11　续表 1

国家或地区	Country or Area	2019年 农业用地 (平方公里) Agricultural Land Area in 2019 (km^2)	比1990年 农业用地增减 (%) % Change of Agricultural Land Area since 1990 (%)
中非共和国	Central African Republic	50800	1.5
乍得	Chad	502380	4.0
海峡群岛	Channel Islands	86	0.8
智利	Chile	157100	-1.2
中国香港	China, Hong Kong Special Administrative Region	40	-50.0
中国台湾	China, Taiwan Province of	7901	-11.2
哥伦比亚	Colombia	482428	7.0
科摩罗	Comoros	1310	14.9
刚果	Congo	106280	1.0
库克群岛	Cook Islands	15	-75.0
哥斯达黎加	Costa Rica	17615	-19.9
科特迪瓦	Côte d'Ivoire	212000	12.0
克罗地亚	Croatia	15050	0.1
古巴	Cuba	64010	-5.0
塞浦路斯	Cyprus	1341	-16.5
捷克	Czech Republic	35239	0.0
朝鲜	Democratic People's Republic of Korea	25900	2.9
刚果民主共和国	Democratic Republic of the Congo	335720	29.3
丹麦	Denmark	26200	-6.0
吉布提	Djibouti	17020	31.0
多米尼加	Dominica	250	38.9
多米尼加共和国	Dominican Republic	24290	-4.6
厄瓜多尔	Ecuador	54200	-30.9
埃及	Egypt	39710	50.0
萨尔瓦多	El Salvador	11957	-11.6
赤道几内亚	Equatorial Guinea	1885	-43.6
厄立特里亚	Eritrea	75920	
爱沙尼亚	Estonia	9850	-0.3
斯威士兰	Eswatini	12220	-1.3
埃塞俄比亚	Ethiopia	384761	1.5
福克兰群岛	Falkland Islands (Malvinas)	11357	-4.6
法罗群岛	Faroe Islands	961	3102.3
斐济	Fiji	3116	-24.0
芬兰	Finland	22700	-5.1
法国	France	285538	-6.7
法属圭亚那	French Guyana	325	54.9
法属波利尼西亚	French Polynesia	475	10.5
加蓬	Gabon	22126	10.3

continued 1

2019年 耕地面积 (平方公里) Arable Land in 2019 (km²)	2019年 永久性作物面积 (平方公里) Land under Permanent Crops in 2019 (km²)	2019年 牧草地面积 (平方公里) Land under Permanent Meadows and Pastures in 2019 (km²)	2019年 农业灌溉面积 (平方公里) Agricultural Area Actually Irrigated in 2019 (km²)
18000	800	32000	
52000	380	450000	
36		49	
11970	4980	140150	
20	10	10	
5901	2000		
48779	38606	395043	
660	500	150	
5500	780	100000	
10	5		
2445	3170	12000	
35000	45000	132000	
8890	790	5370	171
29086	6530	28394	
1024	295	23	268
24842	501	9896	220
22800	2600	500	
134770	18950	182000	
23709	267	2224	2360
20		17000	
60	170	20	
8770	3550	11970	
10380	14430	29390	10000
33650	6060		
7210	1600	3147	274
1386	450	49	
6900	20	69000	
6940	50	2860	
1750	150	10320	
161951	22810	200000	1814
		11357	
1		960	
768	618	1730	
22430	50	220	
179566	10140	95832	
133	55	137	
25	250	200	
3250	1700	17176	

附录3-11　续表 2

国家或地区	Country or Area	2019年 农业用地 (平方公里) Agricultural Land Area in 2019 (km^2)	比1990年 农业用地增减 (%) % Change of Agricultural Land Area since 1990 (%)
冈比亚	Gambia	6050	3.2
格鲁吉亚	Georgia	23779	0.4
德国	Germany	165950	-8.0
加纳	Ghana	126037	0.0
希腊	Greece	58672	-36.4
格陵兰	Greenland	2431	2.7
格林纳达	Grenada	80	-38.5
瓜德罗普	Guadeloupe	499	-5.8
关岛	Guam	160	-20.0
危地马拉	Guatemala	38560	-10.0
几内亚	Guinea	145000	2.5
几内亚比绍	Guinea-Bissau	8151	-43.7
圭亚那	Guyana	12413	14.6
海地	Haiti	18400	15.2
洪都拉斯	Honduras	35110	5.8
匈牙利	Hungary	49030	-24.3
冰岛	Iceland	18720	-1.5
印度	India	1790451	-1.3
印度尼西亚	Indonesia	623000	38.2
伊朗	Iran (Islamic Republic of)	470130	-23.6
伊拉克	Iraq	92500	0.2
爱尔兰	Ireland	45120	-20.1
马恩岛	Isle of Man	398	0.5
以色列	Israel	6464	11.6
意大利	Italy	129990	-22.8
牙买加	Jamaica	4440	-6.7
日本	Japan	43720	-23.2
约旦	Jordan	10290	-1.1
哈萨克斯坦	Kazakhstan	2140032	-0.2
肯尼亚	Kenya	276300	3.2
基里巴斯	Kiribati	340	-12.8
科威特	Kuwait	1500	6.4
吉尔吉斯斯坦	Kyrgyzstan	103678	0.0
老挝	Lao People's Democratic Republic	20290	22.2
拉脱维亚	Latvia	19690	0.5
黎巴嫩	Lebanon	6697	10.7
莱索托	Lesotho	26000	12.0
利比里亚	Liberia	19540	-21.6

continued 2

2019年 耕地面积 (平方公里) Arable Land in 2019 (km^2)	2019年 永久性作物面积 (平方公里) Land under Permanent Crops in 2019 (km^2)	2019年 牧草地面积 (平方公里) Land under Permanent Meadows and Pastures in 2019 (km^2)	2019年 农业灌溉面积 (平方公里) Agricultural Area Actually Irrigated in 2019 (km^2)
4400	50	1600	
3100	1279	19400	
116640	1980	47300	5065
25134	27076	73827	
21319	10882	26470	
		2431	
30	40	10	
218	29	253	
10	70	80	
8620	11830	18110	
31000	7000	107000	
3000	2500	2651	
4200	400	7813	
10700	2800	4900	
10200	5760	19150	
40120	1580	7330	
1210		17510	1
1553691	133000	103760	715539
263000	250000	110000	
156450	18910	294770	79721
50000	2500	40000	
4440	10	40670	
235		163	
3800	1014	1650	2159
68310	24270	37390	
1200	950	2290	
41040	2680		
2060	806	7420	833
295532	1320	1843180	18099
58000	5300	213000	
20	320		
80	60	1360	
12874	767	90037	10043
12240	1300	6750	4410
13340	90	6260	
1353	1344	4000	
5960	40	20000	
5000	2000	12540	

附录3-11 续表 3

国家或地区	Country or Area	2019年 农业用地 (平方公里) Agricultural Land Area in 2019 (km^2)	比1990年 农业用地增减 (%) % Change of Agricultural Land Area since 1990 (%)
利比亚	Libya	153500	-0.7
列支敦士登	Liechtenstein	53	-24.0
立陶宛	Lithuania	29428	-1.1
卢森堡	Luxembourg	1321	0.4
马达加斯加	Madagascar	408950	12.6
马拉维	Malawi	56500	33.9
马来西亚	Malaysia	85710	26.9
马尔代夫	Maldives	64	-20.0
马里	Mali	412010	28.2
马耳他	Malta	104	-20.2
马绍尔群岛	Marshall Islands	86	
马提尼克	Martinique	313	-19.7
毛里塔尼亚	Mauritania	396610	0.0
毛里求斯	Mauritius	860	-22.5
马约特岛	Mayotte	200	11.0
墨西哥	Mexico	971380	-7.6
密克罗尼西亚	Micronesia (Federated States of)	220	
蒙古	Mongolia	1126995	-10.3
黑山	Montenegro	2580	0.4
蒙特塞拉特	Montserrat	30	
摩洛哥	Morocco	303820	0.1
莫桑比克	Mozambique	414138	17.5
缅甸	Myanmar	130080	24.7
纳米比亚	Namibia	388100	0.4
瑙鲁	Nauru	4	
尼泊尔	Nepal	41210	-0.6
荷兰	Netherlands	18145	-9.5
新喀里多尼亚	New Caledonia	1840	-20.7
新西兰	New Zealand	101540	-37.3
尼加拉瓜	Nicaragua	50650	25.8
尼日尔	Niger	465970	41.0
尼日利亚	Nigeria	694501	12.8
纽埃	Niue	50	4.2
诺福克岛	Norfolk Island	10	
北马其顿	North Macedonia	12620	-0.2
北马里亚纳群岛	Northern Mariana Islands	5	
挪威	Norway	9860	1.0
阿曼	Oman	14589	35.1
巴基斯坦	Pakistan	367230	4.3

continued 3

2019年 耕地面积 (平方公里) Arable Land in 2019 (km^2)	2019年 永久性作物面积 (平方公里) Land under Permanent Crops in 2019 (km^2)	2019年 牧草地面积 (平方公里) Land under Permanent Meadows and Pastures in 2019 (km^2)	2019年 农业灌溉面积 (平方公里) Agricultural Area Actually Irrigated in 2019 (km^2)
17200	3300	133000	
14		39	
22494	354	6580	
621	16	683	
30000	6000	372950	
36000	2000	18500	
8260	74600	2850	4420
39	15	10	
64110	1500	346400	
91	13		35
20	65	1	
109	60	144	
4000	110	392500	
750	40	70	158
173	27	0	
200710	27980	742690	60620
20	170	30	
13405	50	1113541	602
91	56	2433	
20		10	
76490	17330	210000	
56500	3000	354638	
110180	15100	4800	17140
8000	100	380000	
	4		
21137	2120	17953	
10048	372	7724	
60	37	1743	
5270	740	95530	
15040	2860	32750	
177000	1150	287820	2666
350000	65000	279501	
10	30	10	
		10	
4160	410	8050	
1	1	4	
8045	32	1783	
747	333	13510	1079
309300	7930	50000	193400

附录3-11 续表 4

国家或地区	Country or Area	2019年 农业用地 (平方公里) Agricultural Land Area in 2019 (km²)	比1990年 农业用地增减 (%) % Change of Agricultural Land Area since 1990 (%)
帕劳	Palau	43	
巴勒斯坦	Palestine	4449	-11.2
巴拿马	Panama	21741	2.4
巴布亚新几内亚	Papua New Guinea	11900	35.7
巴拉圭	Paraguay	168091	18.5
秘鲁	Peru	244783	12.1
菲律宾	Philippines	126750	13.8
波兰	Poland	144610	-23.1
葡萄牙	Portugal	38728	-2.3
波多黎各	Puerto Rico	1679	-61.4
卡塔尔	Qatar	740	21.3
韩国	Republic of Korea	16210	-25.6
摩尔多瓦	Republic of Moldova	22646	0.1
留尼汪	Réunion	476	-25.6
罗马尼亚	Romania	135910	-8.0
俄罗斯联邦	Russian Federation	2154940	
卢旺达	Rwanda	18117	-3.6
圣赫勒拿	Saint Helena, Ascension and Tristan da Cunha	120	20.0
圣基茨和尼维斯	Saint Kitts and Nevis	60	-50.0
圣卢西亚	Saint Lucia	99	-52.4
圣皮埃尔和密克隆	Saint Pierre and Miquelon	20	-33.3
圣文森特和格林纳丁斯	Saint Vincent and the Grenadines	70	-33.8
萨摩亚	Samoa	494	-8.5
圣马力诺	San Marino	23	130.0
圣多美和普林西比	Sao Tome and Principe	440	4.8
沙特阿拉伯	Saudi Arabia	1735959	40.6
塞内加尔	Senegal	88780	0.1
塞尔维亚	Serbia	35040	0.6
塞舌尔	Seychelles	16	-61.3
塞拉利昂	Sierra Leone	39490	39.8
新加坡	Singapore	7	-67.0
斯洛伐克	Slovakia	18830	-0.1
斯洛文尼亚	Slovenia	6105	-0.3
所罗门群岛	Solomon Islands	1170	72.1
索马里	Somalia	441250	0.2
南非	South Africa	963410	0.8
南苏丹	South Sudan	282510	0.0
西班牙	Spain	261426	-14.2

continued 4

2019年 耕地面积 (平方公里) Arable Land in 2019 (km^2)	2019年 永久性作物面积 (平方公里) Land under Permanent Crops in 2019 (km^2)	2019年 牧草地面积 (平方公里) Land under Permanent Meadows and Pastures in 2019 (km^2)	2019年 农业灌溉面积 (平方公里) Agricultural Area Actually Irrigated in 2019 (km^2)
3	20	20	
698	981	2770	
5650	1001	15090	408
3000	7000	1900	
47340	900	119851	
35802	20981	188000	
55900	55850	15000	
109210	3500	31900	
9515	8666	20546	
502	150	1027	
210	30	500	130
13520	2130	560	
16998	2272	3376	2155
339	30	108	
89150	4160	42600	4730
1216490	17930	920520	
11517	2500	4100	
40		80	
50	1	9	
27	69	4	
20			
20	30	20	
113	317	64	
20	3		
40	390	10	
34304	1655	1700000	
32000	780	56000	
26040	2070	6710	520
2	14		
15840	1650	22000	
6	1		
13460	180	5190	234
1810	529	3765	40
200	890	80	
11000	250	430000	
120000	4130	839280	
23947	830	257730	
116394	50070	94962	37594

附录3-11 续表 5

国家或地区	Country or Area	2019年 农业用地 (平方公里) Agricultural Land Area in 2019 (km²)	比1990年 农业用地增减 (%) % Change of Agricultural Land Area since 1990 (%)
斯里兰卡	Sri Lanka	28120	20.2
苏丹	Sudan	694058	1.8
苏里南	Suriname	840	-4.5
瑞典	Sweden	30055	-11.9
瑞士	Switzerland	15042	-6.3
叙利亚	Syrian Arab Republic	139210	3.2
塔吉克斯坦	Tajikistan	49160	4.0
泰国	Thailand	230100	7.6
东帝汶	Timor-Leste	3414	7.4
多哥	Togo	38200	19.7
托克劳群岛	Tokelau	6	20.0
汤加	Tonga	350	9.4
特立尼达和多巴哥	Trinidad and Tobago	540	-29.9
突尼斯	Tunisia	97310	12.6
土耳其	Turkey	377620	-4.8
土库曼斯坦	Turkmenistan	338380	
特克斯和凯科斯群岛	Turks and Caicos Islands	10	
图瓦卢	Tuvalu	18	-10.0
乌干达	Uganda	144150	20.5
乌克兰	Ukraine	413110	
阿拉伯联合酋长国	United Arab Emirates	3898	36.8
英国	United Kingdom	172593	-5.2
坦桑尼亚	United Republic of Tanzania	395212	26.7
美国	United States of America	4058104	-5.0
美属维尔京群岛	United States Virgin Islands	33	-67.0
乌拉圭	Uruguay	140634	-5.7
乌兹别克斯坦	Uzbekistan	256825	0.5
瓦努阿图	Vanuatu	1870	23.0
委内瑞拉	Venezuela (Bolivarian Republic of)	215000	-1.6
越南	Viet Nam	123600	83.8
瓦利斯和富图纳群岛	Wallis and Futuna Islands	60	
西撒哈拉	Western Sahara	50040	
也门	Yemen	234520	-0.7
赞比亚	Zambia	238360	14.5
津巴布韦	Zimbabwe	162000	24.5

continued 5

2019年 耕地面积 (平方公里) Arable Land in 2019 (km^2)	2019年 永久性作物面积 (平方公里) Land under Permanent Crops in 2019 (km^2)	2019年 牧草地面积 (平方公里) Land under Permanent Meadows and Pastures in 2019 (km^2)	2019年 农业灌溉面积 (平方公里) Agricultural Area Actually Irrigated in 2019 (km^2)
13720	10000	4400	
209948	2160	481950	15666
620	50	160	600
25386	35	4635	
3998	252	10792	
46620	10710	81880	
8394	2016	38750	5690
168100	54000	8000	
1115	799	1500	
26500	1700	10000	
	6		
200	110	40	
250	220	70	
25950	23860	47500	
195860	35590	146170	52150
19400	600	318380	
10			
	18		
69000	22000	53150	
329240	8530	75340	4350
490	406	3000	898
59785	451	112357	
135025	20187	240000	
1577368	27000	2453736	
9	2	22	
20244	390	120000	
40230	4152	212443	37320
200	1250	420	
26000	7000	182000	
67870	49310	6420	
10	50		1
40		50000	
11580	2940	220000	
38000	360	200000	
40000	1000	121000	

附录3-12　森林面积
Forest Area

国家或地区	Country or Area	2000年森林面积 (平方公里) Forest Area in 2000 (km^2)	2020年森林面积 (平方公里) Forest Area in 2020 (km^2)	比2000年增减 (%) % Change since 2000 (%)	2020年森林面积占陆地总面积的比例 (%) Forest Area as A Proportion of Total Land Area in 2020 (%)
阿富汗	Afghanistan	12084	12084		1.9
阿尔巴尼亚	Albania	7693	7889	2.5	28.8
阿尔及利亚	Algeria	15790	19490	23.4	0.8
美属萨摩亚	American Samoa	177	171	-3.4	85.7
安道尔	Andorra	160	160		34.0
安哥拉	Angola	777086	666074	-14.3	53.4
安圭拉	Anguilla	55	55		61.1
安提瓜和巴布达	Antigua and Barbuda	95	81	-14.1	18.5
阿根廷	Argentina	333780	285730	-14.4	10.4
亚美尼亚	Armenia	3326	3285	-1.3	11.5
阿鲁巴	Aruba	4	4		2.3
澳大利亚	Australia	1318141	1340051	1.7	17.4
奥地利	Austria	38381	38992	1.6	47.3
阿塞拜疆	Azerbaijan	9872	11318	14.6	13.7
巴哈马	Bahamas	5099	5099		50.9
巴林	Bahrain	4	7	89.2	0.9
孟加拉国	Bangladesh	19203	18834	-1.9	14.5
巴巴多斯	Barbados	63	63		14.7
白俄罗斯	Belarus	82730	87676	6.0	43.2
比利时	Belgium	6673	6893	3.3	22.8
伯利兹	Belize	14593	12771	-12.5	56.0
贝宁	Benin	41352	31352	-24.2	27.8
百慕大	Bermuda	10	10		18.5
不丹	Bhutan	26060	27251	4.6	71.4
玻利维亚	Bolivia	551014	508338	-7.7	46.9
荷兰加勒比区	Bonaire, Sint Eustatius and Saba	19	19		5.9
波黑	Bosnia and Herzegovina	21117	21879	3.6	42.7
博茨瓦纳	Botswana	176207	152547	-13.4	26.9
巴西	Brazil	5510886	4966196	-9.9	59.4
英属维尔京群岛	British Virgin Islands	37	36	-1.4	24.1
文莱	Brunei Darussalam	3970	3800	-4.3	72.1
保加利亚	Bulgaria	33750	38930	15.3	35.9
布基纳法索	Burkina Faso	72165	62164	-13.9	22.7
布隆迪	Burundi	1939	2796	44.2	10.9
佛得角	Cabo Verde	397	457	15.1	11.3
柬埔寨	Cambodia	107810	80684	-25.2	45.7

资料来源：联合国可持续发展目标数据库。
Sources: UNSD Sustainable Development Goals Database.

附录3-12　续表 1　continued 1

国家或地区	Country or Area	2000年森林面积 (平方公里) Forest Area in 2000 (km²)	2020年森林面积 (平方公里) Forest Area in 2020 (km²)	比2000年增减 (%) % Change since 2000 (%)	2020年森林面积占陆地总面积的比例 (%) Forest Area as A Proportion of Total Land Area in 2020 (%)
喀麦隆	Cameroon	215975	203405	-5.8	43.0
加拿大	Canada	3478020	3469281	-0.3	38.7
开曼群岛	Cayman Islands	129	127	-1.6	53.0
中非共和国	Central African Republic	229030	223030	-2.6	35.8
乍得	Chad	63530	43130	-32.1	3.4
智利	Chile	158171	182107	15.1	24.5
哥伦比亚	Colombia	627355	591419	-5.7	53.3
科摩罗	Comoros	417	329	-21.0	17.7
刚果	Congo	221950	219460	-1.1	64.3
库克群岛	Cook Islands	156	156	0.1	65.0
哥斯达黎加	Costa Rica	28572	30349	6.2	59.4
科特迪瓦	Côte d'Ivoire	50945	28367	-44.3	8.9
克罗地亚	Croatia	18850	19391	2.9	34.6
古巴	Cuba	24350	32420	33.1	31.2
库拉索	Curaçao	1	1		0.2
塞浦路斯	Cyprus	1716	1725	0.5	18.7
捷克	Czech Republic	26373	26771	1.5	34.7
朝鲜	Democratic People's Republic of Korea	64547	60301	-6.6	50.1
刚果民主共和国	Democratic Republic of the Congo	1438990	1261552	-12.3	55.6
丹麦	Denmark	5716	6284	9.9	15.7
吉布提	Djibouti	56	58	3.6	0.3
多米尼加	Dominica	479	479		63.8
多米尼加共和国	Dominican Republic	19725	21441	8.7	44.4
厄瓜多尔	Ecuador	137305	124978	-9.0	50.3
埃及	Egypt	592	450	-24.0	0.0
萨尔瓦多	El Salvador	6739	5839	-13.4	28.2
赤道几内亚	Equatorial Guinea	26156	24484	-6.4	87.3
厄立特里亚	Eritrea	11185	10553	-5.7	10.4
爱沙尼亚	Estonia	22389	24384	8.9	56.1
斯瓦蒂尼	Eswatini	4733	4976	5.1	28.9
埃塞俄比亚	Ethiopia	185285	170685	-7.9	15.1
福克兰群岛	Falkland Islands (Malvinas)				
法罗群岛	Faroe Islands	1	1		0.1
斐济	Fiji	10065	11400	13.3	62.4
芬兰	Finland	224456	224090	-0.2	73.7

附录3-12 续表 2 continued 2

国家或地区	Country or Area	2000年森林面积（平方公里）Forest Area in 2000 (km^2)	2020年森林面积（平方公里）Forest Area in 2020 (km^2)	比2000年增减 (%) % Change since 2000 (%)	2020年森林面积占陆地总面积的比例 (%) Forest Area as A Proportion of Total Land Area in 2020 (%)
法国	France	152880	172530	12.9	31.5
法属圭亚那	French Guiana	80794	80029	-0.9	96.6
法属波利尼西亚	French Polynesia	1486	1495	0.6	43.1
加蓬	Gabon	237000	235306	-0.7	91.3
冈比亚	Gambia	3573	2427	-32.1	24.0
格鲁吉亚	Georgia	27606	28224	2.2	40.6
德国	Germany	113540	114190	0.6	32.7
加纳	Ghana	88486	79857	-9.8	35.1
直布罗陀	Gibraltar				
希腊	Greece	36002	39018	8.4	30.3
格陵兰	Greenland	2	2		0.0
格林纳达	Grenada	177	177		52.1
瓜德鲁普	Guadeloupe	723	719	-0.5	44.4
关岛	Guam	240	280	16.7	51.9
危地马拉	Guatemala	42092	35278	-16.2	32.9
根西	Guernsey	2	4	82.6	5.4
几内亚	Guinea	69290	61890	-10.7	25.2
几内亚比绍	Guinea-Bissau	21489	19800	-7.9	70.4
圭亚那	Guyana	185642	184153	-0.8	93.6
海地	Haiti	3807	3473	-8.8	12.6
梵蒂冈	Holy See				
洪都拉斯	Honduras	67783	63593	-6.2	56.8
匈牙利	Hungary	19212	20530	6.9	22.5
冰岛	Iceland	298	514	72.1	0.5
印度	India	675910	721600	6.8	24.3
印度尼西亚	Indonesia	1012800	921332	-9.0	49.1
伊朗	Iran (Islamic Republic of)	93257	107519	15.3	6.6
伊拉克	Iraq	8180	8250	0.9	1.9
爱尔兰	Ireland	6304	7820	24.1	11.4
马恩岛	Isle of Man	35	35		6.1
以色列	Israel	1530	1400	-8.5	6.5
意大利	Italy	83693	95661	14.3	32.3
牙买加	Jamaica	5210	5969	14.6	55.1
日本	Japan	248760	249350	0.2	68.4
泽西岛	Jersey	6	6		5.0

附录3-12　续表 3　continued 3

国家或地区	Country or Area	2000年森林面积（平方公里）Forest Area in 2000 (km²)	2020年森林面积（平方公里）Forest Area in 2020 (km²)	比2000年增减(%) % Change since 2000 (%)	2020年森林面积占陆地总面积的比例(%) Forest Area as A Proportion of Total Land Area in 2020 (%)
约旦	Jordan	975	975		1.1
哈萨克斯坦	Kazakhstan	31569	34547	9.4	1.3
肯尼亚	Kenya	39612	36111	-8.8	6.3
基里巴斯	Kiribati	12	12		1.5
科威特	Kuwait	49	63	28.9	0.4
吉尔吉斯斯坦	Kyrgyzstan	11809	13154	11.4	6.9
老挝	Lao People's Democratic Republic	174250	165955	-4.8	71.9
拉脱维亚	Latvia	32410	34108	5.2	54.9
黎巴嫩	Lebanon	1382	1433	3.7	14.0
莱索托	Lesotho	345	345		1.1
利比里亚	Liberia	82226	76174	-7.4	79.1
利比亚	Libya	2170	2170		0.1
列支敦士登	Liechtenstein	67	67		41.9
立陶宛	Lithuania	20200	22010	9.0	35.1
卢森堡	Luxembourg	867	887	2.3	36.5
马达加斯加	Madagascar	130307	124298	-4.6	21.4
马拉维	Malawi	30817	22417	-27.3	23.8
马来西亚	Malaysia	196914	191140	-2.9	58.2
马尔代夫	Maldives	8	8		2.7
马里	Mali	132960	132960		10.9
马耳他	Malta	4	5	31.4	1.4
马绍尔群岛	Marshall Islands	94	94		52.2
马提尼克	Martinique	487	523	7.3	49.3
毛里塔尼亚	Mauritania	4216	3128	-25.8	0.3
毛里求斯	Mauritius	419	388	-7.5	19.1
马约特岛	Mayotte	157	139	-11.4	37.1
墨西哥	Mexico	683814	656921	-3.9	33.8
密克罗尼西亚	Micronesia (Federated States of)	639	644	0.9	92.0
摩纳哥	Monaco				
蒙古	Mongolia	142639	141728	-0.6	9.1
黑山	Montenegro	6260	8270	32.1	61.5
蒙特塞拉特	Montserrat	25	25		25.0
摩洛哥	Morocco	55065	57425	4.3	12.9

附录3-12 续表 4 continued 4

国家或地区	Country or Area	2000年森林面积 (平方公里) Forest Area in 2000 (km^2)	2020年森林面积 (平方公里) Forest Area in 2020 (km^2)	比2000年增减 (%) % Change since 2000 (%)	2020年森林面积占陆地总面积的比例 (%) Forest Area as A Proportion of Total Land Area in 2020 (%)
莫桑比克	Mozambique	411880	367438	-10.8	46.7
缅甸	Myanmar	348681	285439	-18.1	43.7
纳米比亚	Namibia	80591	66389	-17.6	8.1
瑙鲁	Nauru				
尼泊尔	Nepal	59708	59620	-0.1	41.6
荷兰	Netherlands	3595	3695	2.8	11.0
新喀里多尼亚	New Caledonia	8379	8380	0.0	45.8
新西兰	New Zealand	98504	98926	0.4	37.6
尼加拉瓜	Nicaragua	53993	34075	-36.9	28.3
尼日尔	Niger	13281	10797	-18.7	0.9
尼日利亚	Nigeria	248930	216270	-13.1	23.7
纽埃	Niue	188	189	0.2	72.6
诺福克岛	Norfolk Island	5	5		12.3
北马其顿	North Macedonia	9576	10015	4.6	39.7
北马里亚纳群岛	Northern Mariana Islands	320	244	-23.8	53.0
挪威	Norway	121130	121800	0.6	40.1
阿曼	Oman	30	25	-16.7	0.0
巴基斯坦	Pakistan	45113	37259	-17.4	4.8
帕劳	Palau	396	414	4.6	90.0
巴拿马	Panama	44421	42138	-5.1	56.8
巴布亚新几内亚	Papua New Guinea	362780	358558	-1.2	79.2
巴拉圭	Paraguay	229917	161023	-30.0	40.5
秘鲁	Peru	752978	723304	-3.9	56.5
菲律宾	Philippines	73093	71886	-1.7	24.1
皮特凯恩	Pitcairn	35	35		74.5
波兰	Poland	90590	94830	4.7	31.0
葡萄牙	Portugal	32810	33120	0.9	36.2
波多黎各	Puerto Rico	4292	4963	15.7	56.0
卡塔尔	Qatar				
韩国	Republic of Korea	64760	62870	-2.9	64.5
摩尔多瓦	Republic of Moldova	3444	3865	12.2	11.8
留尼旺	Réunion	910	984	8.2	39.2
罗马尼亚	Romania	63660	69291	8.8	30.1

附录3-12　续表 5　continued 5

国家或地区	Country or Area	2000年森林面积(平方公里) Forest Area in 2000 (km^2)	2020年森林面积(平方公里) Forest Area in 2020 (km^2)	比2000年增减(%) % Change since 2000 (%)	2020年森林面积占陆地总面积的比例(%) Forest Area as A Proportion of Total Land Area in 2020 (%)
俄罗斯联邦	Russian Federation	8092685	8153116	0.7	49.8
卢旺达	Rwanda	2870	2760	-3.8	11.2
圣巴特岛	Saint Barthélemy	2	2		8.5
圣海伦娜	Saint Helena	20	20		5.1
圣基茨和尼维斯	Saint Kitts and Nevis	110	110		42.3
圣卢西亚	Saint Lucia	210	208	-1.1	34.0
圣马丁(法国部分)	Saint Martin (French part)	12	12		24.8
圣皮埃尔和密克隆	Saint Pierre and Miquelon	17	12	-26.9	5.3
圣文森特和格林纳丁斯	Saint Vincent and the Grenadines	285	285		73.2
萨摩亚	Samoa	1713	1617	-5.6	57.1
圣马力诺	San Marino	10	10		16.7
圣多美和普林西比	Sao Tome and Principe	584	519	-11.1	54.1
沙特阿拉伯	Saudi Arabia	9770	9770		0.5
塞内加尔	Senegal	88532	80682	-8.9	41.9
塞尔维亚	Serbia	24600	27227	10.7	31.1
塞舌尔	Seychelles	337	337		73.3
塞拉利昂	Sierra Leone	29294	25349	-13.5	35.1
新加坡	Singapore	170	156	-8.5	22.0
荷属圣马丁	Sint Maarten (Dutch part)	4	4		10.9
斯洛伐克	Slovakia	19014	19259	1.3	40.1
斯洛文尼亚	Slovenia	12330	12378	0.4	61.5
所罗门群岛	Solomon Islands	25376	25230	-0.6	90.1
索马里	Somalia	75150	59800	-20.4	9.5
南非	South Africa	177781	170501	-4.1	14.1
南苏丹	South Sudan	71570	71570		11.3
西班牙	Spain	170939	185722	8.6	37.2
斯里兰卡	Sri Lanka	21664	21130	-2.5	34.2
巴勒斯坦	State of Palestine	91	101	11.7	1.7
苏丹	Sudan	218262	183596	-15.9	9.9
苏里南	Suriname	153409	151963	-0.9	97.4
斯瓦尔巴群岛	Svalbard and Jan Mayen Islands				
瑞典	Sweden	281630	279800	-0.6	68.7

附录3-12　续表 6　continued 6

国家或地区	Country or Area	2000年森林面积 (平方公里) Forest Area in 2000 (km^2)	2020年森林面积 (平方公里) Forest Area in 2020 (km^2)	比2000年增减 (%) % Change since 2000 (%)	2020年森林面积占陆地总面积的比例 (%) Forest Area as A Proportion of Total Land Area in 2020 (%)
瑞士	Switzerland	11962	12691	6.1	32.1
叙利亚	Syrian Arab Republic	4321	5221	20.8	2.8
塔吉克斯坦	Tajikistan	4100	4238	3.4	3.1
泰国	Thailand	189980	198730	4.6	38.9
东帝汶	Timor-Leste	9491	9211	-3.0	61.9
多哥	Togo	12685	12093	-4.7	22.2
托克劳	Tokelau				
汤加	Tonga	90	90		12.4
特立尼达和多巴哥	Trinidad and Tobago	2367	2282	-3.6	44.5
突尼斯	Tunisia	6679	7027	5.2	4.5
土耳其	Turkey	201484	222204	10.3	28.9
土库曼斯坦	Turkmenistan	41270	41270		8.8
特克斯和凯科斯群岛	Turks and Caicos Islands	105	105		11.1
图瓦卢	Tuvalu	10	10		33.3
乌干达	Uganda	31630	23379	-26.1	11.7
乌克兰	Ukraine	95100	96900	1.9	16.7
阿拉伯联合酋长国	United Arab Emirates	3094	3173	2.5	4.5
英国	United Kingdom	29540	31900	8.0	13.2
坦桑尼亚	United Republic of Tanzania	536700	457450	-14.8	51.6
美国	United States of America	3035360	3097950	2.1	33.9
美属维尔京群岛	United States Virgin Islands	205	199	-2.7	56.9
乌拉圭	Uruguay	13690	20310	48.4	11.6
乌兹别克斯坦	Uzbekistan	29615	36897	24.6	8.4
瓦努阿图	Vanuatu	4423	4423		36.3
委内瑞拉	Venezuela (Bolivarian Republic of)	491510	462309	-5.9	52.4
越南	Viet Nam	117841	146431	24.3	47.2
沃利斯和富图纳群岛	Wallis and Futuna Islands	58	58	0.3	41.6
西撒哈拉	Western Sahara	6693	6651	-0.6	2.5
也门	Yemen	5490	5490		1.0
赞比亚	Zambia	470540	448140	-4.8	60.3
津巴布韦	Zimbabwe	183660	174446	-5.0	45.1

附录3-13　海洋保护区(2021年)
Protected Marine Areas (2021)

国家或地区	Country or Area	保护区面积 (平方公里) Protected Marine Area (Exclusive Economic Zones) (km^2)	保护区面积占海洋区域的比例 (%) Coverage of Protected Areas in Relation to Marine Areas (Exclusive Economic Zones) (%)	海洋生物多样性重要区域的保护区平均覆盖率(%) Average Proportion of Marine Key Biodiversity Areas (Kbas) Covered by Protected Areas (%)
阿尔巴尼亚	Albania	250	2.2	67.3
阿尔及利亚	Algeria	78	0.1	74.5
美属萨摩亚	American Samoa	35490	8.7	69.2
安哥拉	Angola	23	0.0	66.6
安圭拉	Anguilla	63	0.1	23.2
安提瓜和巴布达	Antigua and Barbuda	325	0.3	18.8
阿根廷	Argentina	87686	8.1	44.4
阿鲁巴	Aruba	0	0.0	23.9
澳大利亚	Australia	3036805	40.9	65.5
阿塞拜疆	Azerbaijan	37	0.0	
巴哈马	Bahamas	46746	7.8	30.3
巴林	Bahrain			
孟加拉国	Bangladesh	4454	5.3	34.5
巴巴多斯	Barbados	296	0.2	2.9
比利时	Belgium	1263	36.4	96.9
伯利兹	Belize	6836	18.9	31.2
贝宁	Benin			0.0
百慕大	Bermuda	0	0.0	4.0
荷兰加勒比区	Bonaire, Sint Eustatius and Saba	25109	100.0	73.5
布韦岛	Bouvet Island			
巴西	Brazil	974865	26.5	66.5
英属印度洋领地	British Indian Ocean Territory	641060	99.7	100.0
英属维尔京群岛	British Virgin Islands	3	0.0	6.1
文莱	Brunei Darussalam	150	0.6	5.4
保加利亚	Bulgaria	2860	8.1	99.7
佛得角	Cabo Verde	5	0.0	14.1
柬埔寨	Cambodia	691	1.4	51.0
喀麦隆	Cameroon	1589	10.8	
加拿大	Canada	784620	13.8	35.8
开曼群岛	Cayman Islands	93	0.1	31.5
智利	Chile	1501313	41.0	23.7

资料来源：联合国可持续发展目标数据库。
Sources: UNSD Sustainable Development Goals Database.

附录3-13　续表 1　continued 1

国家或地区	Country or Area	保护区面积 (平方公里) Protected Marine Area (Exclusive Economic Zones) (km^2)	保护区面积占海洋区域的比例(%) Coverage of Protected Areas in Relation to Marine Areas (Exclusive Economic Zones) (%)	海洋生物多样性重要区域的保护区平均覆盖率(%) Average Proportion of Marine Key Biodiversity Areas (Kbas) Covered by Protected Areas (%)
中国香港	China, Hong Kong			32.5
圣诞岛	Christmas Island	1	0.0	62.9
科科斯群岛	Cocos (Keeling) Islands	26	0.0	100.0
哥伦比亚	Colombia	97079	13.3	47.5
科摩罗	Comoros	4383	2.6	13.0
刚果	Congo	5766	14.5	65.4
库克群岛	Cook Islands	1970508	99.9	50.1
哥斯达黎加	Costa Rica	15348	2.7	48.9
科特迪瓦	Côte d'Ivoire			97.9
克罗地亚	Croatia	4988	9.0	83.2
古巴	Cuba	14702	4.0	70.1
塞浦路斯	Cyprus	8472	8.6	49.6
朝鲜	Democratic People's Republic of Korea	7	0.0	
刚果民主共和国	Democratic Republic of the Congo	31	0.2	
丹麦	Denmark	18342	18.3	87.0
吉布提	Djibouti			
多米尼加	Dominica	31	0.1	
多米尼加共和国	Dominican Republic	45011	16.6	81.4
厄瓜多尔	Ecuador	144044	13.3	71.8
埃及	Egypt	7656	3.2	46.4
萨尔瓦多	El Salvador	663	0.7	46.6
赤道几内亚	Equatorial Guinea	1258	0.4	100.0
爱沙尼亚	Estonia	6775	18.6	97.6
福克兰群岛	Falkland Islands (Malvinas)	39516	7.2	19.1
法罗群岛	Faroe Islands	704	0.3	16.7
斐济	Fiji	11847	0.9	16.5
芬兰	Finland	9650	12.1	60.9
法国	France	165564	48.1	81.9
法属圭亚那	French Guiana	1364	1.0	54.3
法属波利尼西亚	French Polynesia	0		
法属南部领地	French Southern Territories	1695290	37.2	81.8
加蓬	Gabon	50429	26.1	67.0

附录3-13　续表 2　continued 2

国家或地区	Country or Area	保护区面积 (平方公里) Protected Marine Area (Exclusive Economic Zones) (km^2)	保护区面积占海洋区域的比例 (%) Coverage of Protected Areas in Relation to Marine Areas (Exclusive Economic Zones) (%)	海洋生物多样性重要区域的保护区平均覆盖率(%) Average Proportion of Marine Key Biodiversity Areas (Kbas) Covered by Protected Areas (%)
冈比亚	Gambia	147	0.6	40.3
格鲁吉亚	Georgia	153	0.7	35.6
德国	Germany	25537	45.3	77.1
加纳	Ghana			19.6
希腊	Greece	22301	4.5	88.2
格陵兰	Greenland	102497	4.5	29.7
格林纳达	Grenada	27	0.1	30.2
瓜德鲁普	Guadeloupe	90963	99.9	85.9
关岛	Guam	49395	24.4	3.5
危地马拉	Guatemala	4903	4.1	49.1
格恩西	Guernsey			
几内亚	Guinea	583	0.5	69.3
几内亚比绍	Guinea-Bissau	2370	2.2	50.7
圭亚那	Guyana			
海地	Haiti	3303	2.7	24.6
赫德岛和麦克唐纳岛	Heard Island and McDonald Islands	70636	17.0	100.0
洪都拉斯		10371	4.7	41.0
冰岛	Iceland	3170	0.4	15.2
印度	India	128	0.0	4.2
印度尼西亚	Indonesia	174733	2.9	25.7
伊朗	Iran (Islamic Republic of)	1508	0.7	67.2
爱尔兰	Ireland	9937	2.3	83.2
以色列	Israel	13	0.0	14.8
意大利	Italy	52246	9.7	76.0
牙买加	Jamaica	1860	0.8	14.4
日本	Japan	322999	8.0	66.0
泽西岛	Jersey			
约旦	Jordan	1	1.0	
哈萨克斯坦	Kazakhstan	57769	48.5	
肯尼亚	Kenya	748	0.7	40.4
基里巴斯	Kiribati	412755	11.9	32.9
科威特	Kuwait	162	1.4	32.1

附录3-13 续表 3 continued 3

国家或地区	Country or Area	保护区面积 (平方公里) Protected Marine Area (Exclusive Economic Zones) (km^2)	保护区面积占海洋区域的比例 (%) Coverage of Protected Areas in Relation to Marine Areas (Exclusive Economic Zones) (%)	海洋生物多样性重要区域的保护区平均覆盖率(%) Average Proportion of Marine Key Biodiversity Areas (Kbas) Covered by Protected Areas (%)
拉脱维亚	Latvia	4667	16.2	96.2
黎巴嫩	Lebanon	44	0.2	10.8
利比里亚	Liberia	129	0.1	96.7
利比亚	Libya			
立陶宛	Lithuania	1515	24.7	83.5
马达加斯加	Madagascar	12687	1.1	20.1
马来西亚	Malaysia	24414	5.4	19.7
马尔代夫	Maldives	826	0.1	
马耳他	Malta	4147	7.4	98.9
马绍尔群岛	Marshall Islands	5222	0.3	7.8
马提尼克	Martinique	47576	99.9	96.7
毛里塔尼亚	Mauritania	6474	4.1	37.2
毛里求斯	Mauritius	44	0.0	11.1
马约特岛	Mayotte	63280	99.9	91.5
墨西哥	Mexico	699442	21.3	62.5
密克罗尼西亚	Micronesia, Federated States of	479	0.0	1.6
摩纳哥	Monaco			
黑山	Montenegro	1	0.0	17.8
蒙特塞拉特	Montserrat	0		9.0
摩洛哥	Morocco	1956	0.7	58.0
莫桑比克	Mozambique	12322	2.1	47.2
缅甸	Myanmar	2489	0.5	19.2
纳米比亚	Namibia	9647	1.7	83.0
荷兰	Netherlands	17285	26.9	96.6
新喀里多尼亚	New Caledonia	1312301	95.7	63.6
新西兰	New Zealand	1224140	29.8	47.1
尼加拉瓜	Nicaragua	35690	15.9	49.9
尼日利亚	Nigeria	43	0.0	
纽埃	Niue	128042	40.2	
诺福克岛	Norfolk Island	189251	43.7	54.4
北马里亚纳群岛	Northern Mariana Islands	207268	26.8	48.0
挪威	Norway	7555	0.8	55.1
阿曼	Oman	1779	0.3	22.1
巴基斯坦	Pakistan	567	0.3	14.6

附录3-13　续表 4　continued 4

国家或地区	Country or Area	保护区面积 (平方公里) Protected Marine Area (Exclusive Economic Zones) (km^2)	保护区面积占海洋区域的比例(%) Coverage of Protected Areas in Relation to Marine Areas (Exclusive Economic Zones) (%)	海洋生物多样性重要区域的保护区平均覆盖率(%) Average Proportion of Marine Key Biodiversity Areas (Kbas) Covered by Protected Areas (%)
帕劳	Palau	608158	100.0	72.3
巴拿马	Panama	38266	11.5	42.7
巴布亚新几内亚	Papua New Guinea	3344	0.1	1.9
秘鲁	Peru	4036	0.5	51.6
菲律宾	Philippines	66645	3.6	46.6
皮特凯恩	Pitcairn	839739	100.0	57.2
波兰	Poland	7221	22.6	87.3
葡萄牙	Portugal	76746	4.5	69.3
波多黎各	Puerto Rico	3201	1.8	38.2
卡塔尔	Qatar	686	2.1	60.0
韩国	Republic of Korea	7952	2.4	38.7
留尼旺	Réunion			79.8
罗马尼亚	Romania	6816	22.9	88.6
俄罗斯联邦	Russian Federation	166748	2.2	22.8
圣巴托洛缪岛	Saint Barthélemy	4246	98.3	75.7
圣赫勒拿	Saint Helena	1133205	68.8	50.0
圣基茨岛和尼维斯	Saint Kitts and Nevis	408	4.0	51.7
圣露西亚	Saint Lucia	33	0.2	26.2
法属圣马丁	Saint Martin (French Part)	1032	96.6	89.1
圣皮埃尔和密克隆	Saint Pierre and Miquelon	7	0.1	1.6
圣文森特和格林纳丁斯	Saint Vincent and the Grenadines	79	0.2	26.3
萨摩亚	Samoa	95	0.1	54.2
圣多美和普林西比	Sao Tome and Principe	35	0.0	92.3
沙特阿拉伯	Saudi Arabia	5753	2.6	25.3
塞内加尔	Senegal	2924	1.8	36.7
塞舌尔	Seychelles	439987	32.8	71.9
塞拉利昂	Sierra Leone	2611	1.6	60.2
新加坡	Singapore	0	0.0	3.3
荷属圣马丁	Sint Maarten (Dutch part)	43	8.7	6.4
斯洛文尼亚	Slovenia	3	1.5	62.4
所罗门群岛	Solomon Islands	1540	0.1	3.2
南非	South Africa	227679	14.8	51.0
南乔治亚岛和南桑德韦奇岛	South Georgia and the South Sandwich Islands	1229891	85.1	66.5

附录3-13　续表 5　continued 5

国家或地区	Country or Area	保护区面积 (平方公里) Protected Marine Area (Exclusive Economic Zones) (km^2)	保护区面积占海洋区域的比例(%) Coverage of Protected Areas in Relation to Marine Areas (Exclusive Economic Zones) (%)	海洋生物多样性重要区域的保护区平均覆盖率(%) Average Proportion of Marine Key Biodiversity Areas (Kbas) Covered by Protected Areas (%)
西班牙	Spain	132037	13.1	85.9
斯里兰卡	Sri Lanka	321	0.1	50.0
苏丹	Sudan	2081	3.1	48.0
苏里南	Suriname	1983	1.5	74.2
斯瓦尔巴岛和扬马延岛	Svalbard and Jan Mayen Islands	81804	7.6	67.3
瑞典	Sweden	23797	15.4	60.2
叙利亚	Syrian Arab Republic			
泰国	Thailand	13320	4.3	44.0
东帝汶	Timor-Leste	581	1.4	19.6
多哥	Togo			
托克劳群岛	Tokelau	535	0.2	
汤加	Tonga	334	0.1	19.2
特立尼达和多巴哥	Trinidad and Tobago	9	0.0	8.5
突尼斯	Tunisia	968	1.0	40.3
土耳其	Turkey	295	0.1	3.8
土库曼斯坦	Turkmenistan	1957	2.5	
特克斯和凯科斯群岛	Turks and Caicos Islands	3612	2.3	27.5
图瓦卢	Tuvalu			
乌克兰	Ukraine	11105	8.2	67.4
阿拉伯联合酋长国	United Arab Emirates	6281	11.5	48.6
英国	United Kingdom	301547	41.7	85.3
坦桑尼亚	United Republic of Tanzania	5679	2.3	53.6
美国	United States of America	1637519	19.1	33.9
美属维尔京群岛	United States Virgin Islands	307	0.9	40.3
乌拉圭	Uruguay	979	0.8	53.8
瓦努阿图	Vanuatu	544	0.1	3.3
委内瑞拉	Venezuela (Bolivarian Republic of)	20590	4.4	59.4
越南	Viet Nam	3363	0.5	23.9
西撒哈拉	Western Sahara			
也门	Yemen	1244	0.2	30.6

附录四、主要统计指标解释

APPENDIX IV
Explanatory Notes
on Main Statistical Indicators

主要统计指标解释

一、自然状况

年平均气温 气温指空气的温度，我国一般以摄氏度为单位表示。气象观测的温度表是放在离地面约1.5米处通风良好的百叶箱里测量的，因此，通常说的气温指的是离地面1.5米处百叶箱中的温度。计算方法：月平均气温是将全月各日的平均气温相加，除以该月的天数而得。年平均气温是将12个月的月平均气温累加后除以12而得。

年平均相对湿度 相对湿度指空气中实际水气压与当时气温下的饱和水气压之比，通常以(%)为单位表示。其统计方法与气温相同。

全年降水量 降水量指从天空降落到地面的液态或固态(经融化后)水，未经蒸发、渗透、流失而在地面上积聚的深度，通常以毫米为单位表示。计算方法：月降水量是将该全月各日的降水量累加而得。年降水量是将该年12个月的月降水量累加而得。

全年日照时数 日照时数指太阳实际照射地面的时数，通常以小时为单位表示。其统计方法与降水量相同。

二、水环境

水资源总量 指当地降水形成的地表和地下产水总量，即地表产流量与降水入渗补给地下水量之和。

地表水资源量 指河流、湖泊、冰川等地表水体逐年更新的动态水量，即当地天然河川径流量。

地下水资源量 指地下饱和含水层逐年更新的动态水量，即降水和地表水入渗对地下水的补给量。

地表水与地下水资源重复计算量 指地表水和地下水相互转化的部分，即天然河川径流量中的地下水排泄量和地下水补给量中来源于地表水的入渗补给量。

供水总量 指各种水源提供的包括输水损失在内的水量之和。

地表水源供水量 指地表水工程的取水量，按蓄水工程、引水工程、提水工程、调水工程四种形式统计。

地下水源供水量 指水井工程的开采量，按浅层淡水、深层承压水和微咸水分别统计。

其他水源供水量 包括再生水厂、集雨工程、海水淡化设施供水量及矿坑水利用量。

用水总量 指各类河道外用水户取用的包括输水损失在内的毛水量之和。不包括海水直接利用量以及水力发电、航运等河道内用水量。

农业用水 包括耕地和林地、园地、牧草地灌溉，鱼塘补水及牲畜用水。

工业用水 指工矿企业在生产过程中用于制造、加工、冷却、空调、净化、洗涤等方面的用水，按新水取用量计，不包括企业内部的重复利用水量。

生活用水 包括城镇生活用水和农村生活用水。城镇生活用水由城镇居民生活用水和公共用水（含第三产业及建筑业等用水）组成；农村生活用水指农村居民生活用水。

人工生态环境补水 仅包括人为措施供给的城镇环境用水和部分河湖、湿地补水，而不包括降水、径流自然满足的水量。

工业废水排放量 指报告期内经过企业厂区所有排放口排到企业外部的工业废水量。包括生产废水、外排的直接冷却水、超标排放的矿井地下水和与工业废水混排的厂区生活污水，不包括外排的间接冷却水(清污不分流的间接冷却水应计算在废水排放量内)。

工业废水治理设施数 指调查年度企业用于防治水污染和经处理后综合利用水资源的实有设施（包括构筑物）数，以一个废水治理系统为单位统计。附属于设施内的水治理设备和配套设备不单独计算。备用的、调查年度未运行的、已经报废的设施不统计在内。

工业废水治理设施处理能力 指调查年度企业内部的所有废水治理设施具有的废水处理能力。

工业废水治理设施运行费用 指调查年度企业维持废水治理设施运行所发生的费用。包括能源消耗、设备维修、人员工资、管理费、药剂费及与设施运行有关的其他费用等。

三、海洋环境

二类水质海域面积 符合国家海水水质标准中二类海水水质的海域，适用于水产养殖区、海水浴场、人体直接接触海水的海上运动或娱乐区、以及与人类食用直接有关的工业用水区。

三类水质海域面积 符合国家海水水质标准中三类海水水质的海域，适用于一般工业用水区。

四类水质海域面积 符合国家海水水质标准中四类海水水质的海域，仅适用于海洋港口水域和海洋开发作业区。

劣四类水质海域面积 劣于国家海水水质标准中四类海水水质的海域。

四、大气环境

工业二氧化硫排放量 指调查年度调查对象在生产过程中排入大气的二氧化硫总质量，包括有组织排放量和无组织排放量。工业中二氧化硫主要来源于化石燃料（煤、石油等）的燃烧，还包括含硫矿石的冶炼或含硫酸、磷肥等生产的工业废气排放。

工业氮氧化物排放量 指调查年度调查对象在生产过程中排入大气的氮氧化物总质量，包括有组织排放量和无组织排放量。

工业颗粒物排放量 指调查年度调查对象在生产过程中排入大气的烟尘及工业粉尘的总质量之和，包括有组织排放量和无组织排放量。

工业废气排放量 指报告期内企业厂区内燃料燃烧和生产工艺过程中产生的各种排入空气中含有污染物的气体的总量，以标准状态（273K，101325Pa）计。

工业废气治理设施数 指调查年度企业用于减少排向大气的污染物或对污染物加以回收利用的废气治理设施总数，以一个废气治理系统为单位统计。包括除尘、脱硫、脱硝及其他的污染物的烟气治理设施。备用的、调查年度未运行的、已报废的设施不统计在内。

工业废气治理设施运行费用 指调查年度维持废气治理设施运行所发生的费用。包括能源消耗、设备折旧、设备维修、人员工资、管理费、药剂费及与设施运行有关的其他费用等。

五、固体废物

一般工业固体废物产生量 指当年全年调查对象实际产生的一般工业固体废物的量。一般工业固体废物指企业在工业生产过程中产生且不属于危险废物的工业固体废物。

一般工业固体废物综合利用量 指调查年度企业通过回收、加工、循环、交换等方式，从固体废物中提取或者使其转化为可以利用的资源、能源和其他原材料的固体废物量（包括当年利用的往年工业固体废物累计贮存量）。如用作农业肥料、生产建筑材料、筑路、用作充填回填材料等。综合利用量由原产生固体废物的单位统计。

一般工业固体废物处置量 指调查年度企业将工业固体废物焚烧和用其他改变工业固体废物的物理、化学、生物特性的方法，达到减少或者消除其危险成分的活动，或者将工业固体废物最终置于符合环境保护规定要求的填埋场的活动中，所消纳固体废物的量（包括当年处置的往年工业固体废物贮存量）。

危险废物产生量 指调查年度调查对象实际产生的危险废物的量，包括利用处置危险废物过程中二次产生的危险废物的量。危险废物指列入国家危险废物名录或者根据国家规定的危险废物鉴别标准和鉴别方法认定的具有危险特性的废物。按《国家危险废物名录》（2016）填报。

危险废物利用处置量 指调查年度调查对象从危险废物中提取物质作为原材料或者燃料的活动中消纳危险废物的量，以及将危险废物焚烧和用其他改变危险废物物理、化学、生物特性的方法，达到减少或者消除其危险成分的活动，或者将危险废物最终置于符合环境保护规定要求的填埋场的活动中，所消纳危险废物的量。包括本单位自行处置利用的本单位产生和接收外单位危险废物量。

六、自然生态

自然保护区 指保护典型的自然生态系统、珍稀濒危野生动植物种的天然集中分布区、有特殊意义的自然遗迹的区域。具有较大面积，确保主要保护对象安全，维持和恢复珍稀濒危野生动植物种群数量及赖以生存的栖息环境。

耕地 指利用地表耕作层种植农作物为主，每年种植一季及以上（含以一年一季以上的耕种方式种植多年生作物）的土地，包括熟地，新开发、复垦、整理地，休闲地（含轮歇地、休耕地）；以及间有零星果树、桑树或其他树木的耕地；包括南方宽度＜1.0 米，北方宽度＜2.0 米固定的沟、渠、路和地坎(埂)；包括直接利用地表耕作层种植的温室、大棚、地膜等保温、保湿设施用地。

园地 指种植以采集果、叶、根、茎、枝、汁等为主的集约经营的多年生木本和草本作物，覆盖度大于 50%和每亩株数大于合理株数 70%的土地。包括用于育苗的土地。

林地 指生长乔木、竹类、灌木的土地。不包括生长林木的湿地，城镇、村庄范围内的绿化林木用地，铁路、公路征地范围内的林木，以及河流、沟渠的护堤林用地。

草地 指生长草本植物为主的土地，包括乔木郁闭度＜0.1 的疏林草地、灌木覆盖度＜40％的灌丛草地，不包括生长草本植物的湿地。

湿地 指陆地和水域的交汇处，水位接近或处于地表面，或有浅层积水，且处于自然状态的土地。

城镇村及工矿用地 指城乡居民点、独立居民点以及居民点以外的工矿、国防、名胜古迹等企事业单位用地，包括其内部交通、绿化用地。

交通运输用地　指用于运输通行的地面线路、场站等的土地。包括民用机场、汽车客货运场站、港口、码头、地面运输管道和各种道路以及轨道交通用地。

水域及水利设施用地　指陆地水域、沟渠、水工建筑物等用地。不包括滞洪区。

森林面积　包括郁闭度 0.2 以上的乔木林地面积和竹林面积，国家特别规定的灌木林地面积、农田林网以及村旁、路旁、水旁、宅旁林木的覆盖面积。

人工林面积　指由人工播种、植苗或扦插造林形成的生长稳定，(一般造林 3-5 年后或飞机播种 5-7 年后)每公顷保存株数大于或等于造林设计植树株数 80%或郁闭度 0.20 以上(含 02.0)的林分面积。

森林覆盖率　指以行政区域为单位森林面积占区域土地总面积的百分比。计算公式：

$$森林覆盖率=\frac{森林面积}{土地总面积}\times 100\%$$

活立木总蓄积量　指一定范围土地上全部树木蓄积的总量，包括森林蓄积、疏林蓄积、散生木蓄积和四旁树蓄积。

森林蓄积量　指一定森林面积上存在着的林木树干部分的总材积。

造林面积　指在宜林荒山荒地、宜林沙荒地、无立木林地、疏林地和退耕地等其他宜林地上通过人工措施形成或恢复森林、林木、灌木林的过程。

人工造林　指在宜林荒山荒地、宜林沙荒地、无立木林地、疏林地和退耕地等其他宜林地上通过播种、植苗和分植来提高森林植被覆被率的技术措施。

飞播造林　通过飞机播种，并辅以适当的人工措施，在自然力的作用下使其形成森林或灌草植被，提高森林植被覆被率或提高森林植被质量的技术措施。

封山育林　对宜林地、无立木林地、疏林地或低质低效有林地、灌木林地实施封禁并辅以人工促进手段，使其形成森林或灌草植被或提高林分质量的一项技术措施。包括无林地和疏林地封育、有林地和灌木林地封育、新造林地封育。

退化林修复　为改善林分的活力和结构，有效遏制防护林退化，提高林分质量和恢复森林功能，对结构失调和稳定性降低、功能退化甚至丧失且自然更新能力弱的林分采取的结构调整、树种替换、补植补播、嫁接复壮等森林经营措施。

人工更新造林　指在采伐迹地、火烧迹地、林中空地上通过人工造林重新形成森林的过程。

天然林保护工程　是我国林业的“天”字号工程、一号工程,也是投资最大的生态工程。具体包括三个层次:全面停止长江上游、黄河上中游地区天然林采伐；大幅度调减东北、内蒙古等重点国有林区的木材产量；同时保护好其他地区的天然林资源。主要解决这些区域天然林资源的休养生息和恢复发展问题。

退耕还林还草工程　是我国林业建设上涉及面最广、政策性最强、工序最复杂、群众参与度最高的生态建设工程。主要解决重点地区的水土流失问题。

三北和长江流域等重点防护林体系建设工程　三北和长江中下游地区等重点防护林体系建设工程,是我国涵盖面最大、内容最丰富的防护林体系建设工程。具体包括三北防护林四期工程、长江中下游及淮河太湖流域防护林二期工程、沿海防护林二期工程、珠江防护林二期工程、太行山绿化二期工程和平原绿化二期工程。主要解决三北地区的防沙治沙问题和其他区域各不相同的生态问题。

京津风沙源治理工程 环北京地区防沙治沙工程,是首都乃至中国的“形象工程”,也是环京津生态圈建设的主体工程。虽然规模不大,但是意义特殊。主要解决首都周围地区的风沙危害问题。

七、自然灾害及突发事件

滑坡 指斜坡上不稳定的岩土体在重力作用下沿一定软弱面(或滑动带)整体向下滑动的物理地质现象。

崩塌 指陡坡上大块的岩土体在重力作用下突然脱离母体崩落的物理地质现象。

泥石流 指山地突然爆发的饱含大量泥沙、石块的特殊洪流。

地面塌陷 指地表岩、土体在自然或人为因素作用下向下陷落，并在地面形成塌陷坑(洞)的一种动力地质现象。

突发环境事件 指突然发生，造成或可能造成重大人员伤亡、重大财产损失和对全国或者某一地区的经济社会稳定、政治安定构成重大威胁和损害，有重大社会影响的涉及公共安全的环境事件。

八、环境投资

环境污染治理投资 指在工业污染源治理和城镇环境基础设施建设的资金投入中，用于形成固定资产的资金。包括工业新老污染源治理工程投资、当年完成环保验收项目环保投资，以及城镇环境基础设施建设所投入的资金。

九、城市环境

道路长度 指道路长度和与道路相通的桥梁、隧道的长度，按车行道中心线计算。

城市桥梁 指为跨越天然或人工障碍物而修建的构筑物。包括跨河桥、立交桥、人行天桥以及人行地下通道等。

排水管道长度 指所有市政排水总管、干管、支管、检查井及连接井进出口等长度之和。

供水总量 指报告期供水企业(单位)供出的全部水量。包括有效供水量和漏损水量。

供水普及率 指报告期末城区用水人口数与城市人口总数的比率。计算公式：

供水普及率=城区用水人口数/（城区人口+城区暂住人口）×100%

城市污水处理能力 指污水处理厂(或污水处理装置)每昼夜处理污水量的设计能力。

供气管道长度 指报告期末从气源厂压缩机的出口或门站出口至各类用户引入管之间的全部已经通气、投入使用的管道长度。不包括新安装尚未使用，煤气生产厂、输配站、液化气储存站、灌瓶站、储配站、气化站、混气站、供应站等厂(站)内，以及用户建筑物内的管道。

供气总量 指报告期燃气企业(单位)向用户供应的燃气数量。包括销售量和损失量。

燃气普及率 指报告期末城区使用燃气的城市人口数与城市人口总数的比率。其中燃气包括人工煤气、天然气、液化石油气三种。计算公式为：

燃气普及率=城区用气人口数/（城区人口+城区暂住人口）×100%

城市供热能力 指供热企业(单位)向城市热用户输送热能的设计能力。

城市供热总量 指在报告期供热企业(单位)向城市热用户输送全部蒸汽和热水的总热量。

城市供热管道长度 指从各类热源到热用户建筑物接入口之间的全部蒸汽和热水的管道长度。不包括各类热源厂内部的管道长度。

生活垃圾清运量 指报告期收集和运送到各生活垃圾处理厂(场)和生活垃圾最终消纳点的生活垃圾数量。生活垃圾指城市日常生活或为城市日常生活提供服务的活动中产生的固体废物以及法律行政规定的视为城市生活垃圾的固体废物。包括：居民生活垃圾、商业垃圾、集市贸易市场垃圾、清扫街道和公共场所的垃圾、机关、学校、厂矿等单位的生活垃圾。

生活垃圾无害化处理率 指报告期生活垃圾无害化处理量与生活垃圾产生量的比率。在统计上，由于生活垃圾产生量不易取得，可用清运量代替。计算公式为：

$$\text{生活垃圾无害化处理率}=\frac{\text{生活垃圾无害化处理量}}{\text{生活垃圾产生量}}\times 100\%$$

城市绿地面积 指报告期末用作园林和绿化的各种绿地面积。包括公园绿地、防护绿地、广场用地、附属绿地和位于建成区范围内的区域绿地面积。

公园绿地 向公众开放，以游憩为主要功能，兼具生态、景观、文教和应急避险等功能，有一定游憩和服务设施的绿地。

十、农村环境

卫生厕所 指有完整下水道系统的水冲式、三格化粪池式、净化沼气池式、多翁漏斗式公厕以及粪便及时清理并进行高温堆肥无害化处理的非水冲式公厕。

累计使用卫生公厕户数 指农民因某种原因没有兴建自己的卫生厕所，而使用村内卫生公厕户数。

Explanatory Notes on Main Statistical Indicators

Ⅰ. Natural Conditions

Annual Average Temperature Temperature refers to the average air temperature on a regular basis, generally expressed in centigrade in China. Thermometers used for meteorological observation are placed in well-ventilated shelters about 1.5 meters above the ground. Therefore, the commonly used temperature refers to the temperature in the shelter 1.5 meters above the ground. The calculation method is as follows: The summation of daily average temperature of one month divided by the actual days of that month represents the monthly average temperature. The summation of monthly average temperature of a year divided by 12 represents the annual average temperature.

Annual Average Relative Humidity Humidity refers to the ratio of actual vapour pressure in the air to the saturation water vapour pressure at the current temperature, usually expressed in percentage terms. The calculation method is the same as that of average temperature.

Annual Precipitation Precipitation refers to the depth of water in liquid state or solid state (thawed), falling from atmosphere onto the ground without being evaporated, percolating or running off. It is usually expressed in millimeters. The calculation method is as follows: The monthly precipitation is obtained by the sum of daily precipitation of the month, and the annual precipitation is the sum of monthly precipitation of the 12 months of the year.

Annual Sunshine Hours Sunshine hours refer to the actual hours of sun irradiating the earth, usually expressed in hours. The calculation method is the same as that of the precipitation.

Ⅱ. Freshwater Environment

Total Water Resources refers to total volume of surface water and groundwater which is from the local precipitation and is measured as the summation of run-off for surface water and recharge of groundwater from local precipitation.

Surface Water Resources refers to total volume of yearly renewable water flow which exist in rivers, lakes, glaciers and other surface water, and are measured as the natural run-off of local rivers.

Groundwater Resources refers to total volume of yearly renewable water flow which exist in saturation aquifers of groundwater, and are measured as recharge of groundwater from local precipitation and surface water.

Duplicated Amount of Surface Water and Groundwater refers to the part of mutual transfer between surface water and groundwater, i.e. which is the run-off of rivers includes some depletion into groundwater while groundwater includes recharge from surface water.

Water Supply refers to gross water supplied by various sources, including losses during distribution.

Surface Water Supply refers to withdrawals through the surface water supply system, which can be divided into four categories: storage, flow, pumping and transfer project.

Groundwater Supply refers to withdrawals from supplying wells, which can be divided into three categories: shallow layer freshwater, deep confided freshwater and slightly brackish water.

Other Water Supply include supplies by water reclamation plants, rainwater collection projects, seawater desalinization facilities and the consumption of mine water.

Total Water Use refers to gross water used by various off-stream water users, including losses during distribution, while excluding the direct use of seawater and in-stream water use such as hydroelectric generation and shipping.

Water Use for Agriculture includes uses of water for irrigation of cultivated land, forest land, garden land and grass land, replenishment of fishing farms and water used for livestock raising.

Water Use for Industry refers to water use by industrial and mining enterprises in the production process of manufacturing, processing, cooling, air conditioning, cleansing, washing, etc. Only including new withdrawals of water, excluding reuse of water within enterprise.

Water Use for Households and Service includes water use in both urban and rural areas. Urban water use is composed of households use and public use (including tertiary industry and construction). Rural water use refers to households use.

Water Use for Artificial Eco-environment only includes the artificially supplied water used for urban environment and the artificial replenishment of some rivers, lakes and wetlands. The amount of water supplied by precipitation and runoff is not included.

Waste Water Discharged by Industry refers to the volume of waste water discharged by industrial enterprises through all their outlets, including waste water from production process, directly cooled water, groundwater from mining wells which does not meet discharge standards and sewage from households mixed with waste water produced by industrial activities, but excluding indirectly cooled water discharged (It should be included if the discharge is not separated with waste water).

Number of Industrial Wastewater Treatment Facilities refers to the number of existing facilities (including constructions) for the prevention and control of water pollution and the comprehensive utilization of treated water in enterprises over the year of the survey, a wastewater treatment system as a unit. The subsidiary water treatment equipments and ancillary equipments are not calculated separately. It excludes the standby facilities, facilities not running during the year of survey and the scrapped facilities.

Treatment Capacity of Industrial Wastewater Treatment Facilities refers to the actual capacity of the wastewater treatment of internal wastewater treatment facilities in enterprises over the year of the survey.

Expenditure of Industrial Wastewater Treatment Facilities refers to the costs of maintaining wastewater treatment facilities in enterprises over the year of the survey. It includes energy consumption, equipment maintenance, staff wages, management fees, pharmacy fees and other expenses associated with the operation of the facility.

Ⅲ. Marine Environment

Sea Area with Water Quality at Grade Ⅱ refers to marine area meeting the national quality standards for Grade II marine water, suitable for marine cultivation, bathing, marine sport or recreation activities involving direct human touch of marine water, and for sources of industrial use of water related to human consumption.

Sea Area with Water Quality at Grade Ⅲ refers to marine area meeting the national quality standards for Grade III marine water, suitable for water sources of general industrial use.

Sea Area with Water Quality at Grade Ⅳ refers to marine area meeting the national quality standards for Grade IV marine water, only suitable for harbors and ocean development activities.

Sea Area with Water Quality Inferior to Grade Ⅳ refers to marine area where the quality of water is worse than the national quality standards for Grade IV marine water.

Ⅳ. Atmospheric Environment

Industrial Sulphur Dioxide Emission refers to the total volume of sulphur dioxide emitted into the atmosphere in the production processes of enterprises over the year of the survey, which includes the organized emissions and the unorganized emissions. Industrial sulfur dioxide comes mainly from the combustion of fossil fuels (coal, oil, etc.), but also includes industrial emissions in sulphide of smelting and in sulfate or phosphate fertilizer producing.

Industrial Nitrogen Oxide Emission refers to the total volume of nitrogen oxide emitted into the atmosphere in the production processes of enterprises over the year of the survey, which includes the organized emissions and the unorganized emissions.

Industrial Particulate Matter Emission refers to the total volume of soot and industrial dust emitted into the atmosphere in the production processes of enterprises over the year of the survey, which includes the organized emissions and the unorganized emissions.

Industrial Waste Gas Emission refers to the total volume of pollutant-containing gas emitted into the atmosphere in the fuel combustion and production processes within the area of the factory in the reporting period in standard conditions (273K, 101325Pa).

Number of Industrial Waste Gas Treatment Facilities refers to the total number of waste gas treatment facilities for reducing or recycling pollutants in enterprises over the year of the survey, a waste gas treatment system as a unit. It includes flue gas treatment facilities of dust removal, desulfurization, denitration and other pollutants. It excludes the standby facilities, facilities not running during the year of survey and the scrapped facilities.

Expenditure of Industrial Waste Gas Treatment Facilities refers to the running costs of the waste gas treatment facilities to maintain over the year of the survey. It includes energy consumption, equipment depreciation, equipment maintenance, staff wages, management fees, pharmacy fees and other expenses associated with the operation of the facility.

Ⅴ. Solid Waste

Common Industrial Solid Wastes Generated refers to the amount of common industrial solid wastes the surveyed units actual generated over the year. The common industrial solid wastes refers to the industrial solid wastes that are generated during the industrial process and are not hazardous wastes..

Common Industrial Solid Wastes Utilized refers to amount of solid wastes from which useable materials can be extracted or converted into usable resources, energy or other materials through reclamation, processing, recycling and exchange (including utilizing in the year the stocks of industrial solid wastes of the previous year) generated by surveyed units over the year of the survey, e.g. being used as agricultural fertilizers, building materials, material for paving road or as backfill material. The information should be measured as the unit of generating wastes.

Common Industrial Solid Wastes Disposed refers to the amount of industrial solid wastes disposed, which covers the amount of previous years, through incineration or other methods to change its physical, chemical and biological properties to reduce or eliminate the hazards or land filled in the sites following the requirements for environmental protection by surveyed units over the year of the survey.

Hazardous Wastes Generated refers to the amount of actual hazardous wastes generated by surveyed units over the year of the survey, which is covered secondary generation during the process of disposal and reuse of hazardous wastes. Hazardous waste refers to those listed in the National Hazardous Wastes catalogue or identified as any one of the hazardous properties in light of the national hazardous wastes identification standards and methods. It should be reported following the National Catalogue of Hazardous Wastes (2016 Version).

Hazardous Wastes Integrated Utilized and Disposed refers to the amount of hazardous wastes that are used to extract materials for raw materials or fuel over the year of the survey, and the amount of hazardous wastes which are incineration or specially disposed using other methods to change its physical, chemical and biological properties and thus to reduce or eliminate the hazards, or placed ultimately in the sites following the requirements for environmental protection over the year of the survey. It includes the hazardous wastes generated by the enterprise itself and received from other enterprises.

Ⅵ. Natural Ecology

Nature Reserves refer to the area that protect typical natural ecosystems, natural concentrated distribution of rare and endangered wild animal and plant species, and natural relics of special significance. It has a large area to ensure the safety of the main protected objects, and to maintain and restore the quantity of rare and endangered wild animals and plants and their habitats.

Cultivated Land refers to the land that mainly for the regular cultivation of farm crops by using the surface tillage layer, planting more than one harvest a year (including perennial crops cultivated by more than one harvest a year), including cultivated land, newly-developed land, reclaimed land, consolidated land, fallow; It covers the land with some fruit trees, mulberry trees and others; It also covers fixed ditch, canal, road and sill (ridge) with width less than 1 meter in the South and 2 meters in the North; It covers the land for thermal insulation and moisturizing facilities such as greenhouse, greenhouse and plastic film planted directly by surface tillage layer.

Garden Land refers to land for intensive cultivation of perennial woody plants and herbs to collect fruits, leaves, roots, stems, branches and juice, with a coverage rate over 50% and plant number over 70% of rational plant number per mu. Land for nursery is included.

Forest Land refers to land for planting arbor, bamboo, bush shrub. It does not include the wetland where trees grow, the land for greening trees within the scope of towns and villages, the forest within the scope of railway and highway land acquisition, the land for revetment forest of rivers and ditches.

Grassland refers to land mainly for the growth of herbaceous forage crops. It includes sparse forest grassland with tree canopy density less than 0.1, shrub grassland with shrub coverage less than 40%, excluding wetlands with herbaceous plants.

Wetland refers to the land at the intersection of land and water, where the water level is close to or on the ground surface, or there is shallow ponding and is in a natural state.

Land for Urban, Rural, Industrial and Mining Activities refer to urban and rural residential areas, independent residential areas, and the land used by enterprises and institutions such as industrial and mining, national defense and scenic spots outside residential areas, including their internal traffic and greening land.

Land Used for Transport refers to the land for ground lines, stations, etc. used for transportation. It includes civil airport, automobile passenger and freight transport station, port, wharf, ground transportation pipeline, various roads and rail transit land.

Land Used for Water and Water Conservancy Facilities refers to land for water areas, ditches, hydraulic structures, etc. Flood detention area is not included.

Forest Area refers to the area of trees and bamboo grow with a canopy density above 0.2 degree, the area of shrubby tree according to regulations of the government, area of land under agroforestry and the area of trees planted by the side of villages, farm houses and along roads and rivers.

Area of Planted Forests refer to the area of stable growing forests, planted manually or by airplanes, with a survival rate of 80% or higher of the designed number of trees per hectare, or with a canopy density of 0.20 degree or above (after 3-5 years of manual planting or 5-7 years of airplane planting).

Forest Coverage Rate refers to the ratio of forest area to the total land area within the administrative region. The formula is as follows:

Forest Coverage Rate = Forest Area / Area of Total Land×100%

Total Stock Volume of Living Trees refers to the total stock volume of trees accumulated on a certain area of land, including trees in forest, tress in sparse forest, scattered wood and trees planted by the side of villages, farm houses and along roads and rivers.

Stock Volume of Forest refers to total stock volume of timber of tree trunk in a given forest area..

Area of Afforestation refers to the total area of land suitable for afforestation, including barren hills, idle land, sand dunes, non-timber forest land, woodland and "grain for green" land, on which acres of forests, trees and shrubs are planted through manual planting.

Manual Planting refers to technical measures of sowing, planting seedlings and divided transplanting on land suitable for afforestation, including barren hills, idle land, sand dunes, non-timber forest land, woodland and "grain for green" land to increase vegetation coverage rate of forests.

Airplane Planting refers to technical measures of airplane planting with of appropriate artificial help taken under the influence of natural power to restore certain amount of seedlings on land suitable for afforestation, with an aim of increasing vegetation coverage rate of forests or improving forest quality.

Closed Hillsides for Afforestation is a technical measure by isolation with artificial means to form forest or shrub and grass or improve forest quality land, to the suitable area for forest, forest land without stumpage, sparse forest land, or low quality forest, shrub forest.

Restoration of Degraded Forest In order to improve the vitality and structure of forest, effectively control forest degradation, improve forest quality and restore forest function, management measures are taken to the forest of structural imbalance and stability reduction, function reduction or even loss and natural regeneration ability is weak, which include structural adjustment, species replacement, replanting sowing, grafting rejuvenation, etc.

Artificial Regeneration refers to forest reforming process in logging slash, slash burning, the glade through afforestation.

Project on Preservation of Natural Forests is the Number One ecological project in China's forest industry that involves the largest investment. It consists of 3 components: 1) Complete halt of all cutting and logging activities in the natural forests at the upper stream of Yangtze River and the upper and middle streams of the Yellow River. 2) Significant reduction of timber production of key state forest zones in northeast provinces and in Inner Mongolia. 3) Better protection of natural forests in other regions through rehabilitation programs.

Projects on Converting Cultivated Land to Forests and Grassland (Grain for Green Projects) aiming at preventing soil erosion in key regions, these projects are ecological construction projects in the development of forest industry that have the widest coverage and most sophisticated procedures, with strong policy implications and most active participation of the people.

Projects on Protection Forests in North China and Yangtze River Basin covering the widest areas in China with a rich variety of contents, these projects aim at solving the problem of sand and dust in northeastern China, northern China and northwestern China and the ecological issues in other areas. More specifically, they include phase IV of project on North China protection forests, phase II of project on protection forests at the middle and lower streams of Yangtze River and at the Huihe River and Taihu Lake valley, phase II of project on coastal protection forests, phase II of project on Pearl River protection forests, phase II project on greenery of Taihang Mountain and phase II projects on greenery of plains.

Projects on Harnessing Source of Sand and Dust in Beijing and Tianjin these Beijing-ring projects aim at harnessing the sand and dust weather around Beijing and its vicinities. As the key to the development of Beijing-Tianjin ecological zone, these projects are of particular importance as it concerns the image of China's capital city and the whole country.

Ⅶ. Natural Disasters & Environmental Accidents

Landslides refer to the geological phenomenon of unstable rocks or earth on slopes sliding down along certain soft surface as a result of gravity.

Collapse refers to the geological phenomenon of large mass of rocks or earth suddenly collapsing from the mountain or cliff as a result of gravity.

Debris Flow refers to the sudden rush of flood torrents containing large amount of mud and rocks in mountainous areas.

Ground Collapse refers to the geological phenomenon of surface rocks or earth subsiding into holes or pits as a result of natural or human factors.

Abrupt Environmental Accidents refer to environmental emergencies that caused or likely to cause significant causalities, serious property damages and pose a major threat and damage to the economic, social or political stability of the country or a region, or have significant social impact that related to the public safety.

Ⅷ. Environmental Investment

Investment in Treatment of Environment Pollution refers to the fixed assets investment in the treatment of industrial pollution and in the construction of environment infrastructure facilities in cities and towns. It includes investment in treatment of industrial pollution, environment protection investment in environment protection acceptance project in this year, and investment in the construction of environment infrastructure facilities in cities and towns.

Ⅸ. Urban Environment

Length of Roads refers to the length of roads with paved surface, including bridges and tunnels connected with roads. Length of the roads is measured by the central lines.

Urban Bridges refer to bridges built to cross over natural or man-made barriers, including bridges over rivers, overpasses for traffic and for pedestrians, underpasses for pedestrians, etc.

Length of Urban Drainage Pipes refers to the total length of municipal general drainage, trunks, branch and inspection wells, connection wells, inlets and outlets, etc.

Volume of Water Supply refers to the total volume of water supplied by water-works (units) during the reference period, including both the effective water supply and loss during the water supply.

Water Coverage Rate refers to the ratio of the urban population with access to water supply to the total urban population at the end of reference period. The formula is:

Water Coverage Rate= Urban Population with Access to Water Supply / Urban Population ×100%

Treatment Capacity of Urban Waste Water refers to the designed 24-hour capacity of waste water disposal by the waste water treatment works or facilities.

Length of Gas Supply Pipelines refers to the total length of pipelines in use between the outlet of the compressor of gas-work or outlet of gas stations and the leading pipe of users, excluding pipelines newly installed but not in use yet, pipelines within gasworks, delivery stations, LPG storage stations, refilling stations, gas-mixing stations and supply stations, and pipelines in the users' buildings.

Volume of Gas Supply refers to the total volume of gas provided to users by gas-producing enterprises (units) during the reporting period, including the volume sold and the volume lost.

Gas Coverage Rate refers to the ratio of the urban population with access to gas to the total urban population at the end of the reference period. The formula is:

Gas Coverage Rate = Urban Population with Access to Gas / Urban Population × 100%

Heating Capacity in Urban Area refers to the designed capacity of heating enterprises (units) in supplying heating energy to urban users during the reference period.

Quantity of Heat Supplied in Urban Area refers to the total quantity of heat from steam and hot water supplied to urban users by heating enterprises (units) during the reference period.

Length of Heating Pipelines refers to the total length of steam or hot water pipelines for sources of heat to the leading pipelines of the buildings of the users, excluding internal pipelines in heat generating enterprises.

Domestic Garbage Collected and Transported refers to volume of domestic garbage collected and transported to disposal factories or sites during the reference period. Domestic garbage are solid wastes generated from urban households or from service activities for urban households, and solid wastes regarded as municipal domestic garbage according to the laws and administrative regulations, including those from households, commercial activities, markets, cleaning of streets, public sites, offices, schools, factories, mining units and other sources.

Rate of Domestic Garbage Harmless Treatment refers to the ratio of the volume of domestic garbage harmlessly treated to the volume of domestic garbage produced during the reference period. In practical statistics, as the volume of domestic garbage produced is difficult to obtain, it can be replaced by the volume of collected and transported. It is calculated as:

Rate of Domestic Garbage Harmless Treatment=

Volume of Domestic Garbage Harmlessly Treated / Volume of Domestic Garbage Produced×100%

Area of Parks and Green Space refers to the total area occupied for green projects at the end of the reference period, including public recreational green space, protection green land, land for squares, green land attached to institutions, and other green areas..

Public Recreational Green Space refers to green areas open to the public for amusement and rest with the facilities of amusement, rest and services. Its function also includes improving ecology, beautifying landscape, education and preventing and reducing disaster.

Ⅹ. Rural Environment

Sanitary Lavatories refer to lavatories with complete flushing and sewage systems in different forms, and lavatories without flushing and sewage system where ordure is properly disposed of through high-temperature deposit process for making organic manure.

Households Using Public Lavatories refer to the number of households using public sanitary lavatories in the village without building their private sanitary lavatories.